Dorothee Raab

Rabenschlau üben

Rechnen
1. Klasse

Mit Illustrationen von Bettina Abel und Guido Wandrey

Cornelsen
SCRIPTOR

Vorwort

Liebe Kinder,

viel Spaß in der Schule mit Rufus Rabenschlau.
Er begleitet euch von Anfang an in der 1. Klasse
und hilft euch beim Zählen und Rechnen.
Mit ihm lernt ihr spielerisch die Zahlen von 1 bis 20
kennen, könnt Plus- und Minusaufgaben rechnen, Rätsel
lösen und malen.
Und am Ende des Buches könnt ihr überprüfen,
ob ihr alles richtig gemacht habt.
Viel Erfolg beim Lernen mit Rufus Rabenschlau!

Dorothee Raab

Cornelsen online http://www.cornelsen.de

Bibliografische Information
Die Deutsche Bibliothek verzeichnet diese Publikation in der Deutschen Nationalbibliografie; detaillierte bibliografische Daten sind im Internet über http://dnb.ddb.de abrufbar.

6. 5. 4. 3. 2. Die letzten Ziffern bezeichnen
10 09 08 07 06 Zahl und Jahr der Auflage.

Redaktion: Annegret Hauser, Berlin
Umschlaggestaltung: Magdalene Krumbeck, Wuppertal
Umschlagillustration: Guido Wandrey
Innenteilillustrationen: Bettina Abel (Guido Wandrey durchgängig „Rufus Rabenschlau")
Satz und Lithografie: KCS GmbH, Buchholz/Hamburg
Druck und Bindearbeiten: orthdruk, Bialystock, Polen
Printed in Poland
ISBN-13: 978-3-589-22201-8
ISBN-10: 3-589-22201-8

Gedruckt auf säurefreiem Papier, umweltschonend hergestellt aus chlorfrei gebleichten Faserstoffen.

Inhalt

Zahlen von 1 bis 10

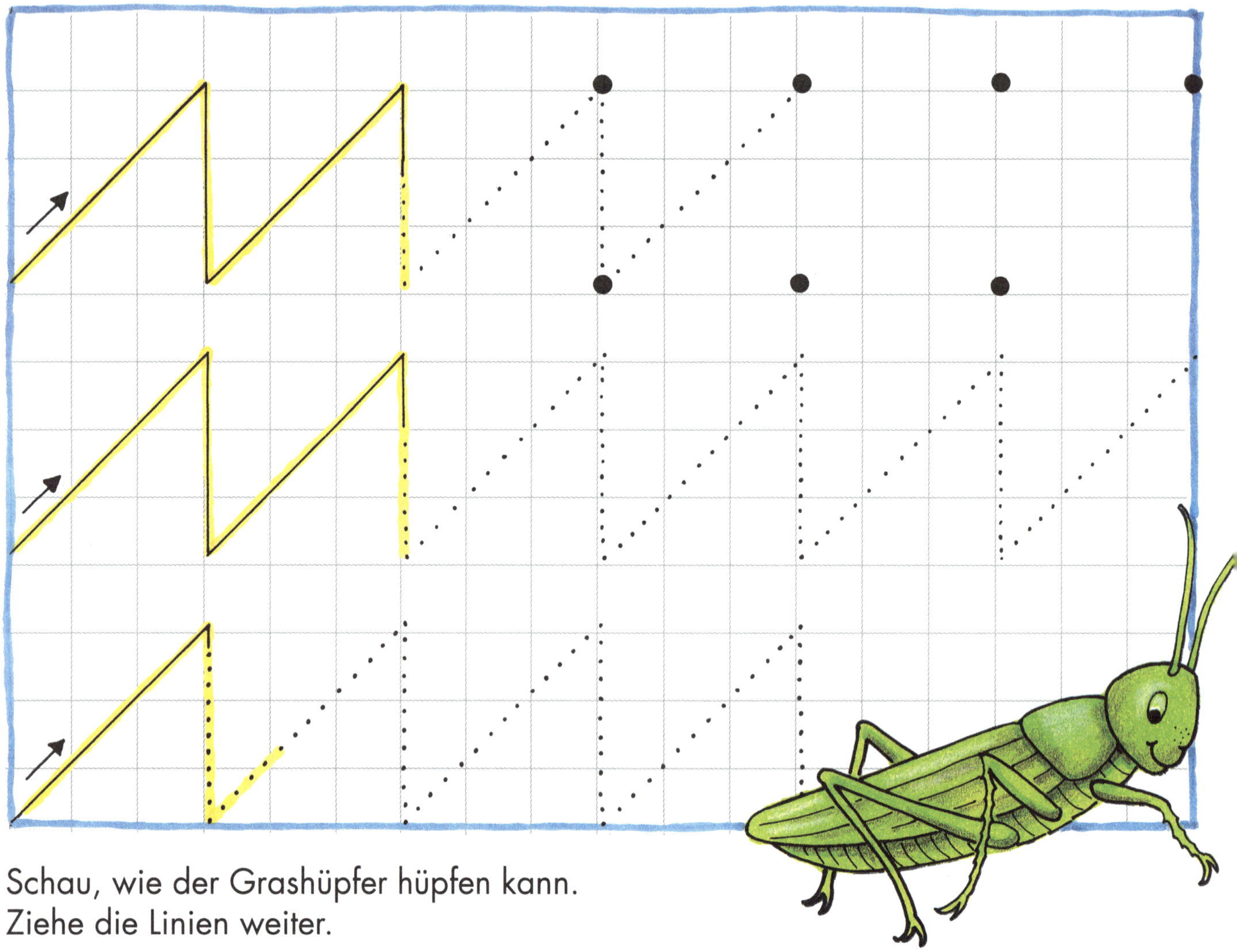

Schau, wie der Grashüpfer hüpfen kann.
Ziehe die Linien weiter.

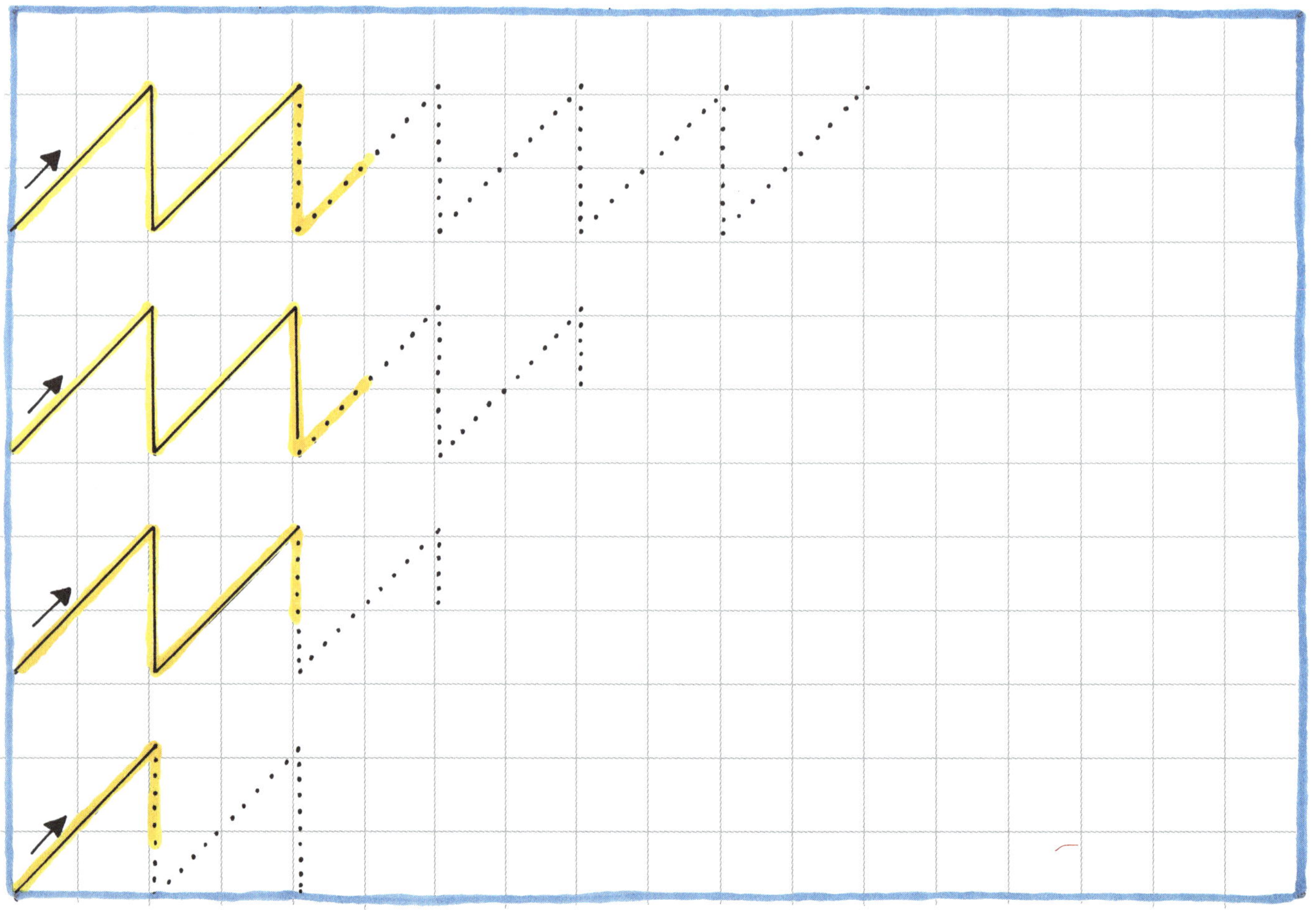

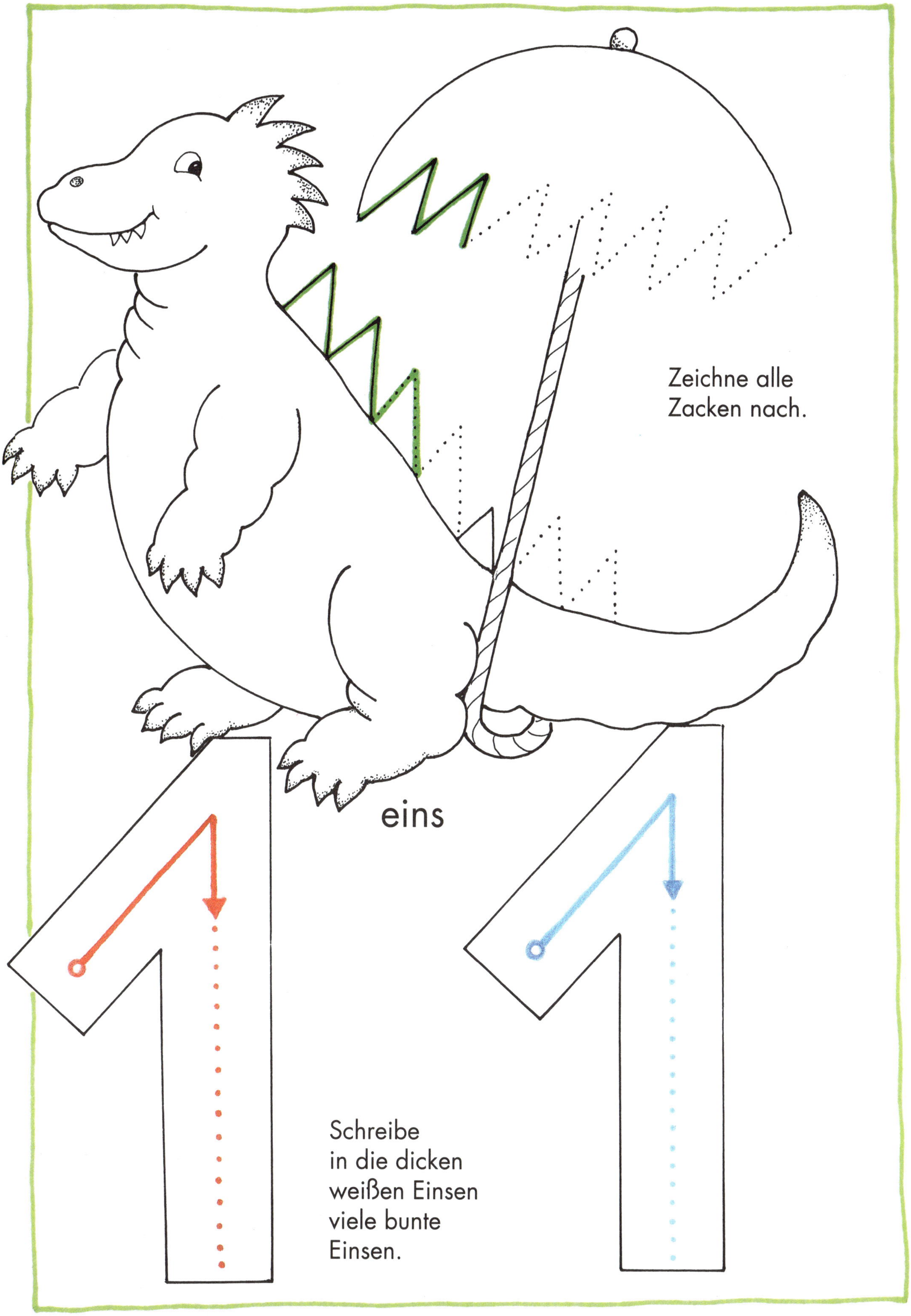

Zeichne alle Zacken nach.

eins

Schreibe in die dicken weißen Einsen viele bunte Einsen.

Hilfst du, die Herzen fertig zu backen?

Hier brauchst du viele Buntstifte.
Schreibe in die große Zwei viele Zweien,
bis sie innen ganz bunt ist.

Hier hast du
viel Platz
zum Üben.

Schreibe in
jedes Bild die
richtige Zahl.

Hier brauchst du viele Buntstifte.
Schreibe in die große Drei viele Dreien,
bis sie innen ganz bunt ist.

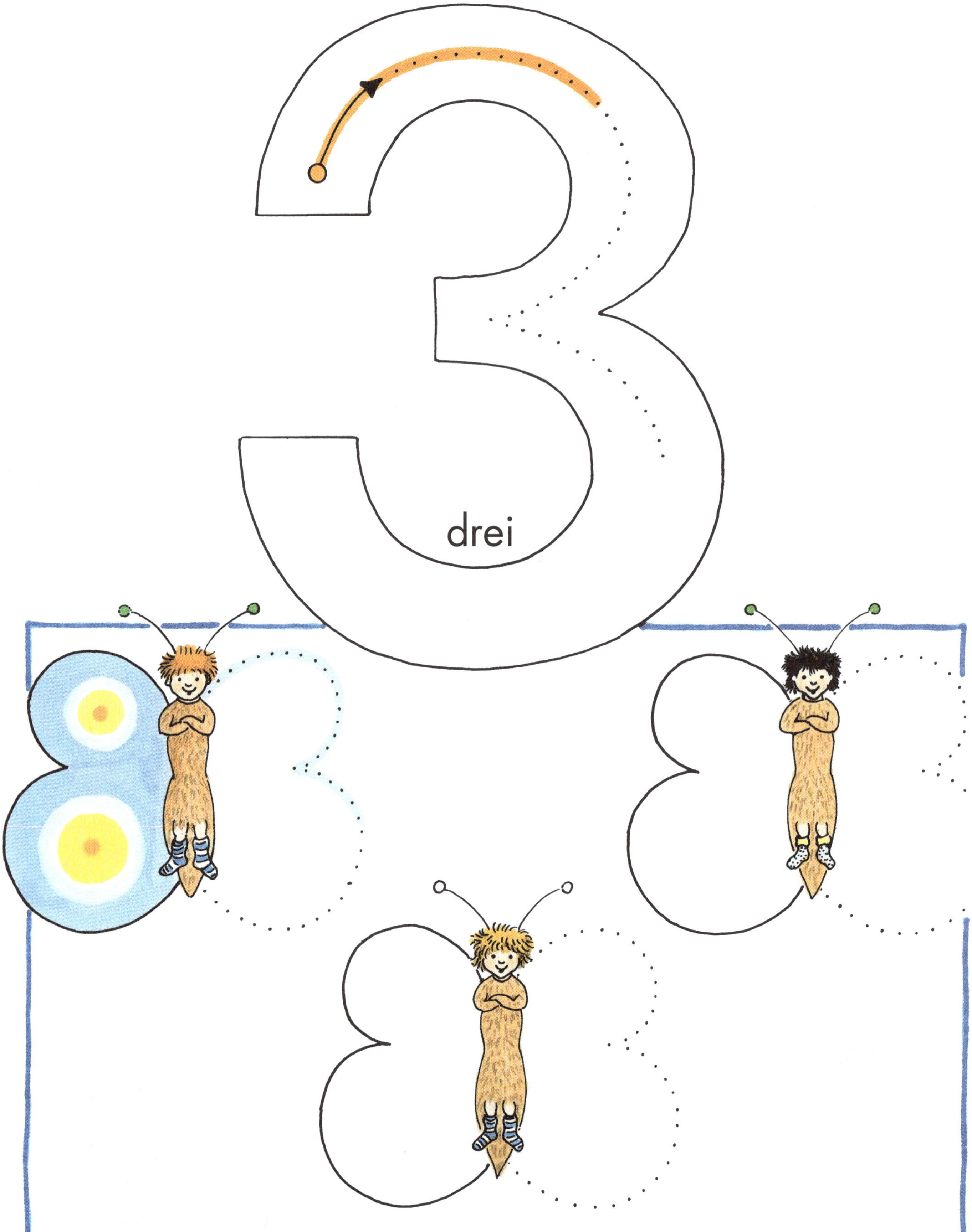

Zahlen 4 und 5

444	4			
555	5			
454				

Male bunt aus:
rot grün

Zeichne ein, wie der Bergsteiger die Felsen hinunterklettert.

Hier brauchst du viele Buntstifte.
Schreibe in die große Vier viele Vieren,
bis sie innen ganz bunt ist.

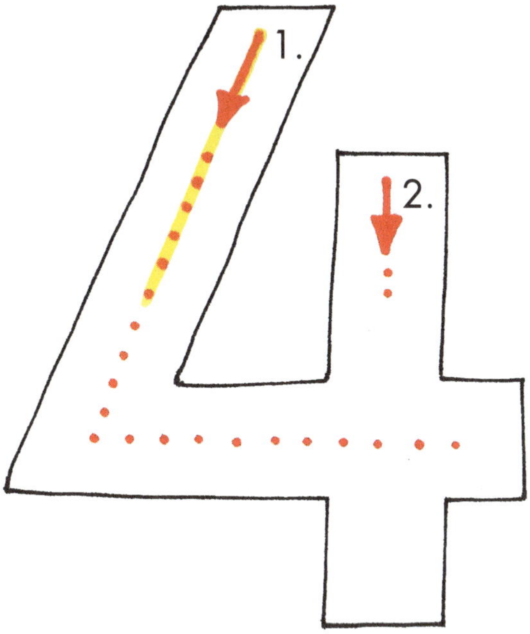

vier

Immer 4 Dinge gehören zusammen. Kreise sie ein.

Welche Zahl passt dazu? Schreibe sie auf.

Julia hat so
schöne Ohrringe!

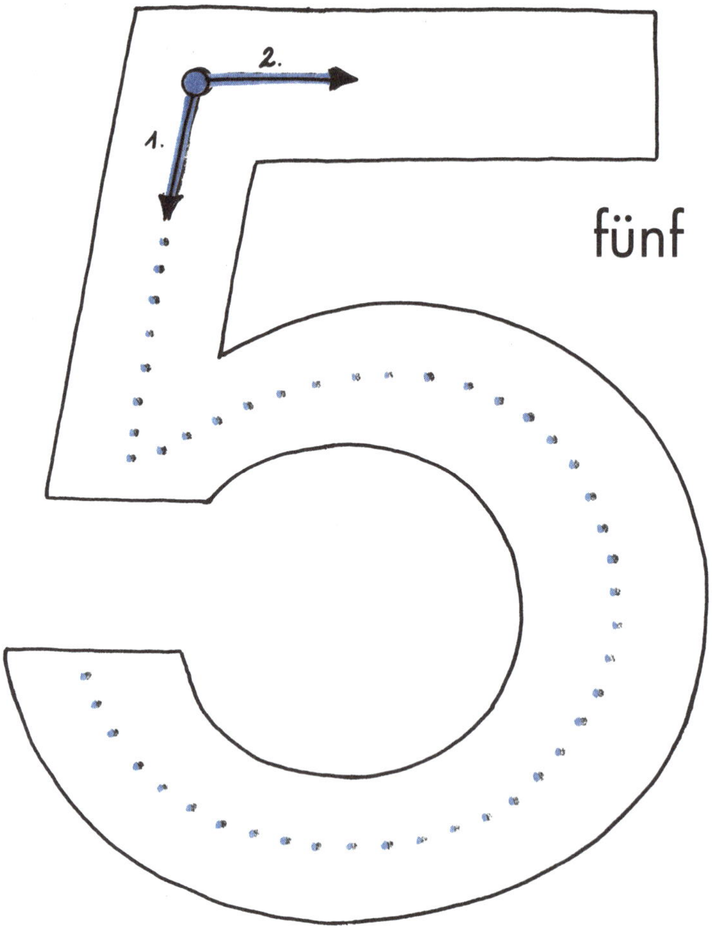

fünf

Eins, zwei, drei, vier, fünf,
Stiefel, Schuh und Strümpf.
Fünf, vier, drei, zwei, eins,
besser noch als keins.

Zahlen 6 und 7

6 6							
7 7							

Welche Zahlen fehlen?

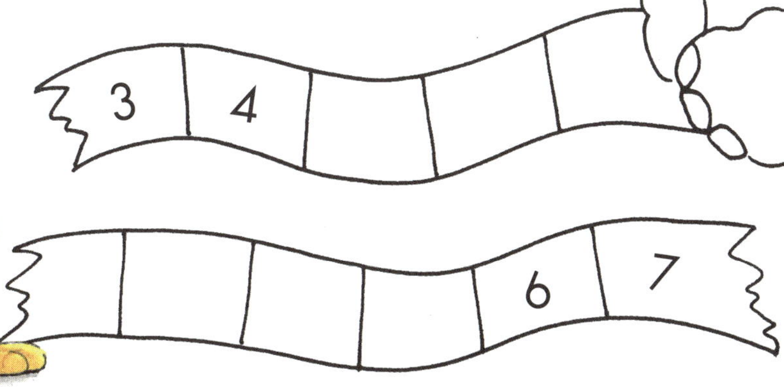

Hier brauchst du
viele Buntstifte.

Schreibe in die
große Sechs viele
Sechsen, bis sie
innen ganz bunt ist.

Welche Zahlen gehören neben die Würfel?

Schreibe die 7.

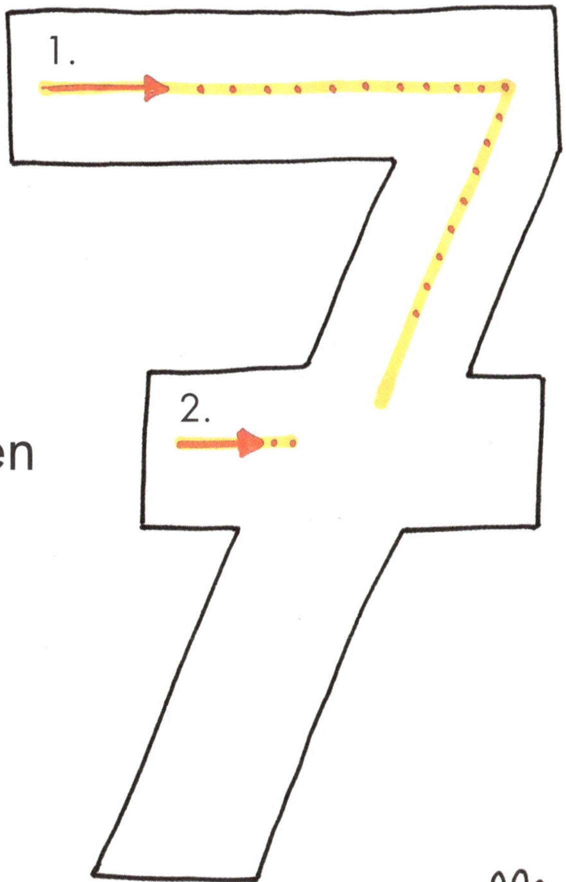

Malst du die Zwerge an?

sieben

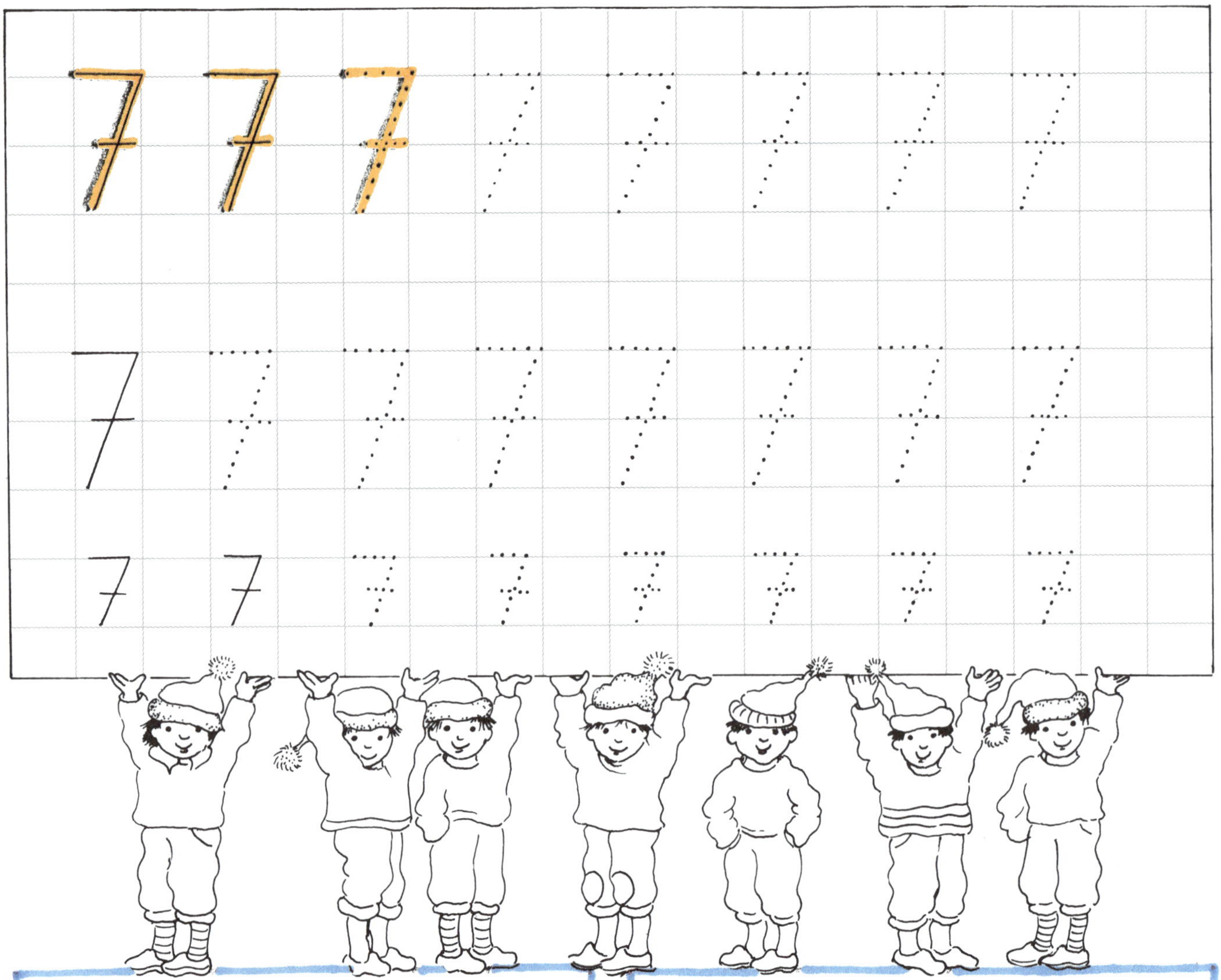

Wie viele Murmeln haben die Zwerge?

2

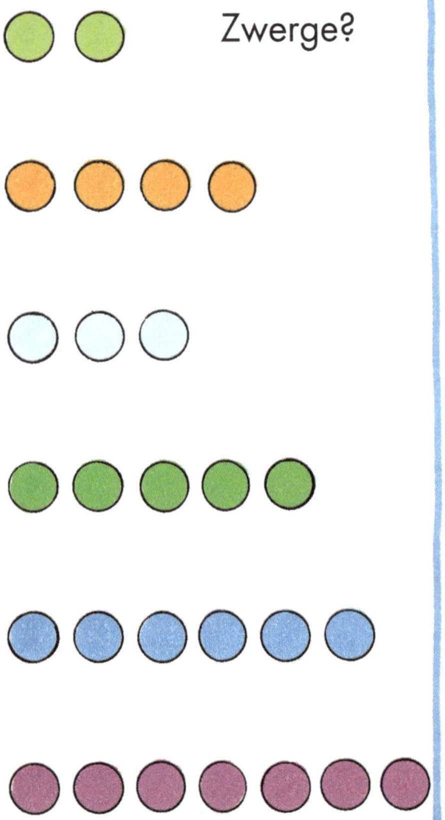

Hier brauchst du ganz viele Farben!

Zahlen von 8 bis 10

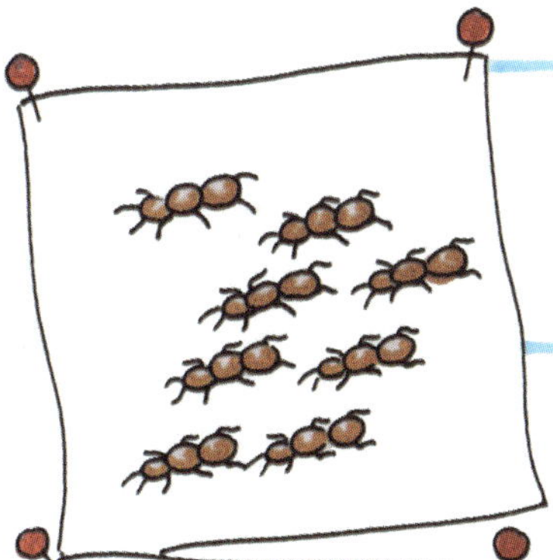

8 8

9 9

10

Kreise alle 9 ein.

1	2	3	4	5	6	7	8	9
6	3	9	5	4	9	7	6	8
5	4	1	9	6	9	8	9	7
5	3	7	6	8	8	9	6	9
9	6	9	3	9	6	9	3	9

Hier brauchst du viele Buntstifte.

Schreibe in die große Acht ganz viele Achten.

acht

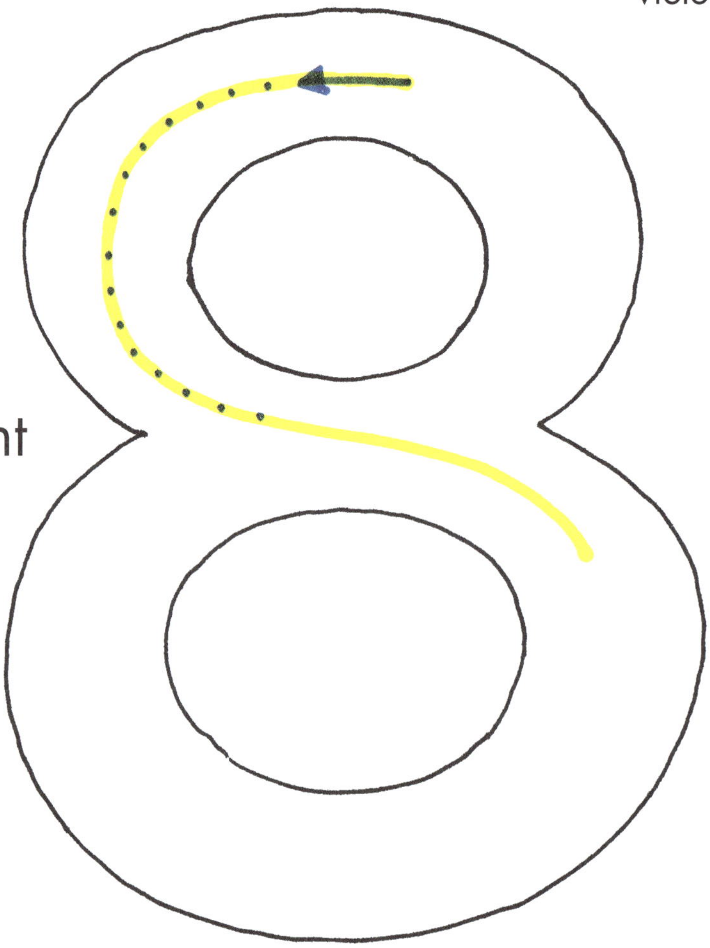

Acht Dinge sehen gleich aus. Kreise sie ein.

Hier brauchst du viele Buntstifte.
Schreibe in die große Neun viele Neunen,
bis sie innen ganz bunt ist.

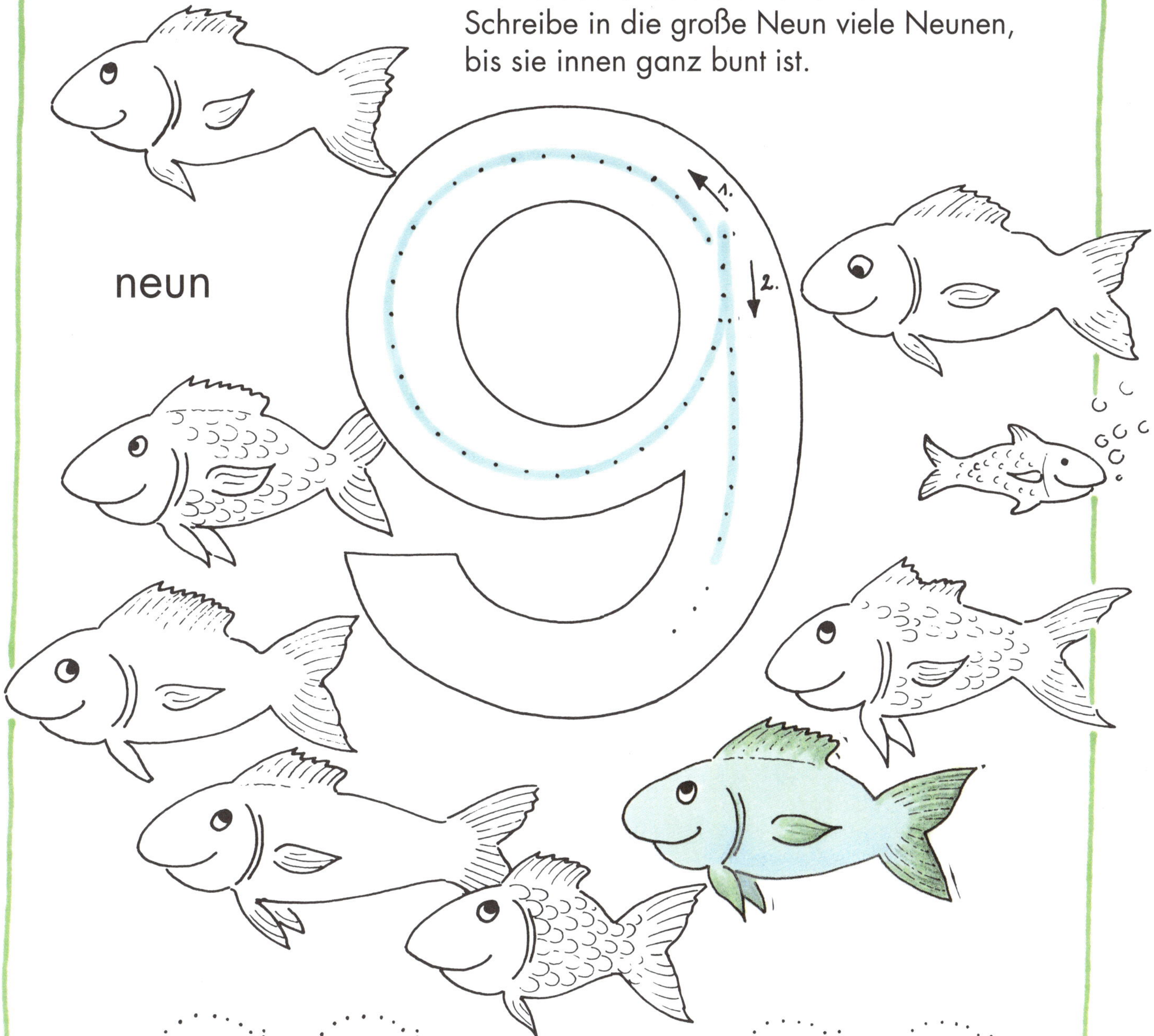

Male die Bilder an,
auf denen du genau
9 Dinge siehst.

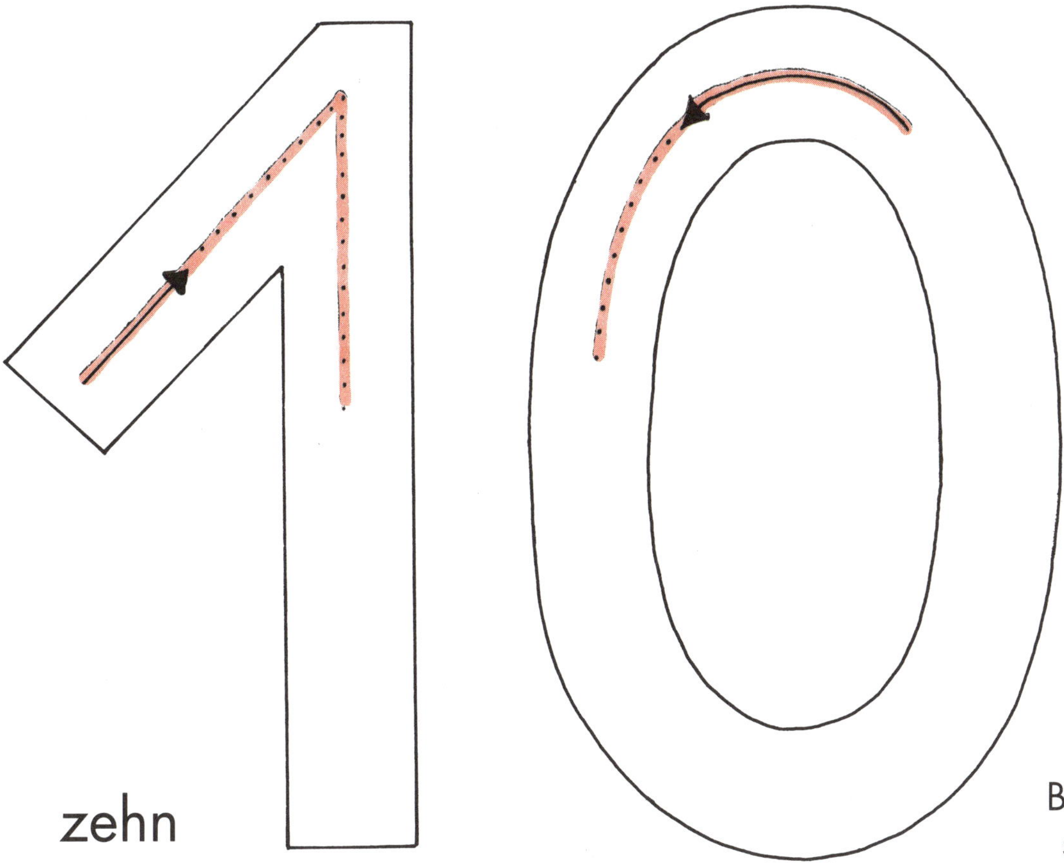

zehn

Nimm viele Buntstifte und schreibe die Zehn so oft, bis sie innen ganz bunt ist.

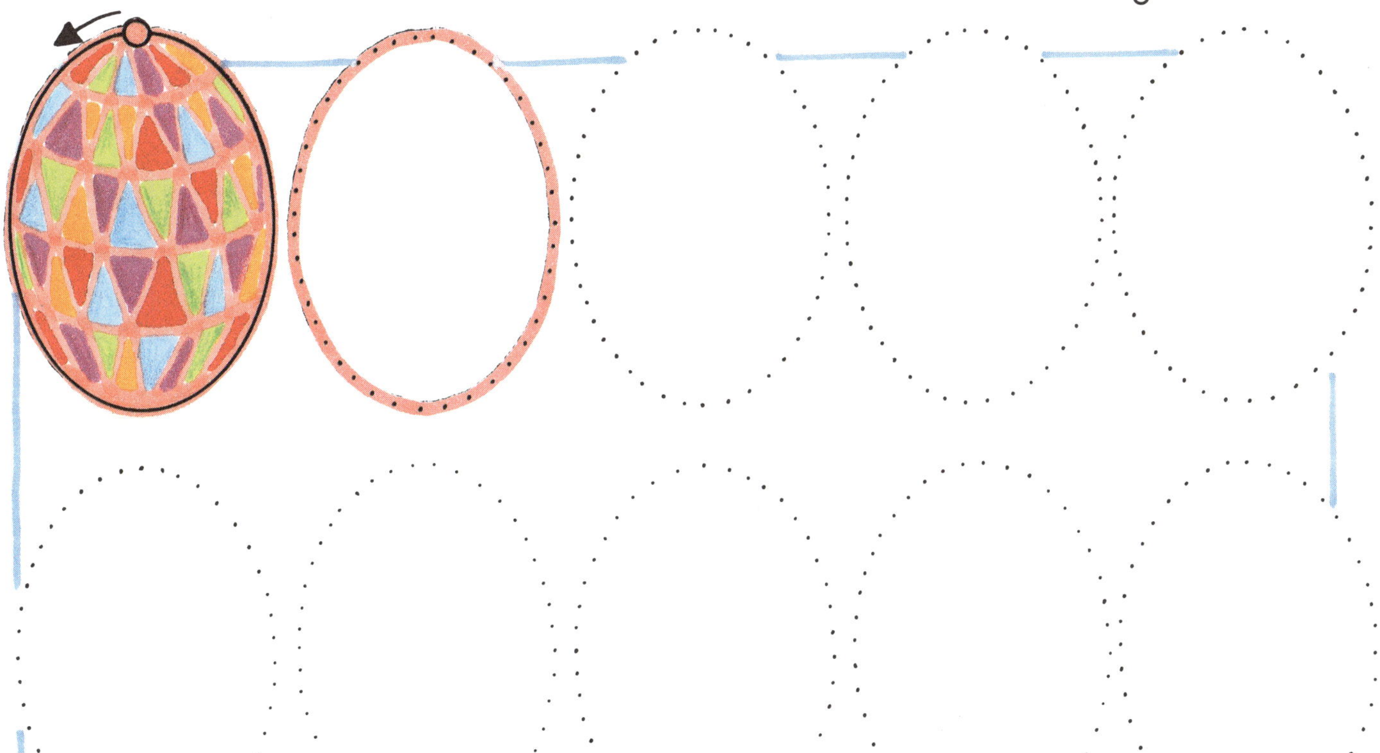

Umrande die Eier und male sie bunt an.

Wir zerlegen Zahlen

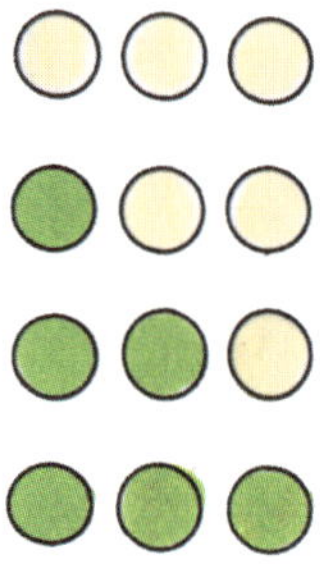

3	=	0	+	3
3	=	1	+	2
3	=		+	
3	=		+	

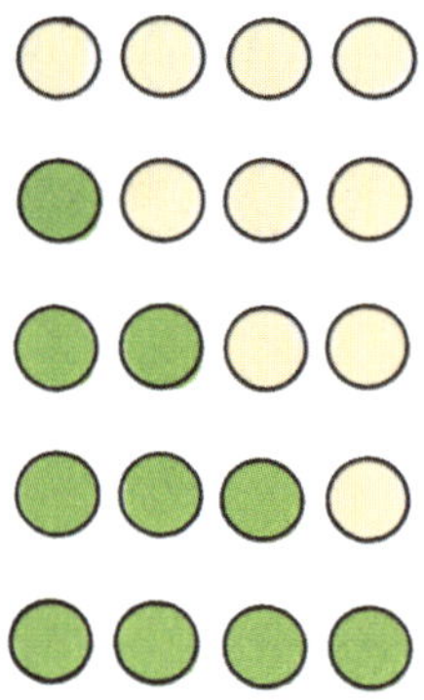

4	=	0	+	
4	=			
4	=			
4	=			
4	=			

Suche zu jeder Zahl die passenden Aufgaben.

5	=	0	+	
5	=			
5	=			
5	=			
5	=			
5	=			

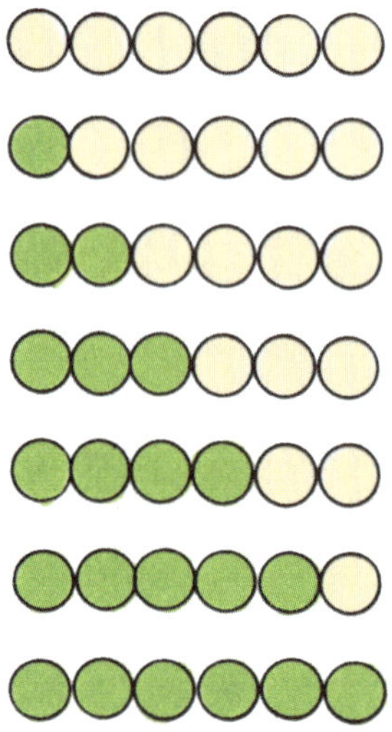

6	=			
6	=			
6	=			
6	=			
6	=			
6	=			
6	=			

Zähle die
Würfelpunkte
zusammen.

$7 = 5 + 2$
$7 = 4 +$
$7 = 6 +$
$7 = 3 +$
$7 = 1 +$
$7 = 0 +$
$7 = 2 +$
$7 = 7 +$

Ergänze die
fehlenden Zahlen.

Male die passenden
Ergebnisfelder an.

$8 = 7 + 1$
$8 = 5 +$
$8 = 6 +$
$8 = 4 +$
$8 = 3 +$
$8 = 0 +$
$8 = 8 +$
$8 = 2 +$
$8 = 1 +$

Findest du alle Aufgaben?

Immer zwei Fische gehören zusammen.

Sie haben zusammen 9 Punkte. Male sie in der gleichen Farbe an.

Ergänze in jeder Aufgabe die Zahl, die fehlt. Streiche deine Ergebnisse in den Kugeln des Zauberers weg.

10 = 5 +

10 = 9 +

10 = 3 +

10 = 10 +

10 = 1 +

10 = 4 +

10 = 6 +

10 = 8 +

10 = 7 +

10 = 1 +

Verbinde immer zwei Zahlen so, dass sie zusammen 10 ergeben.

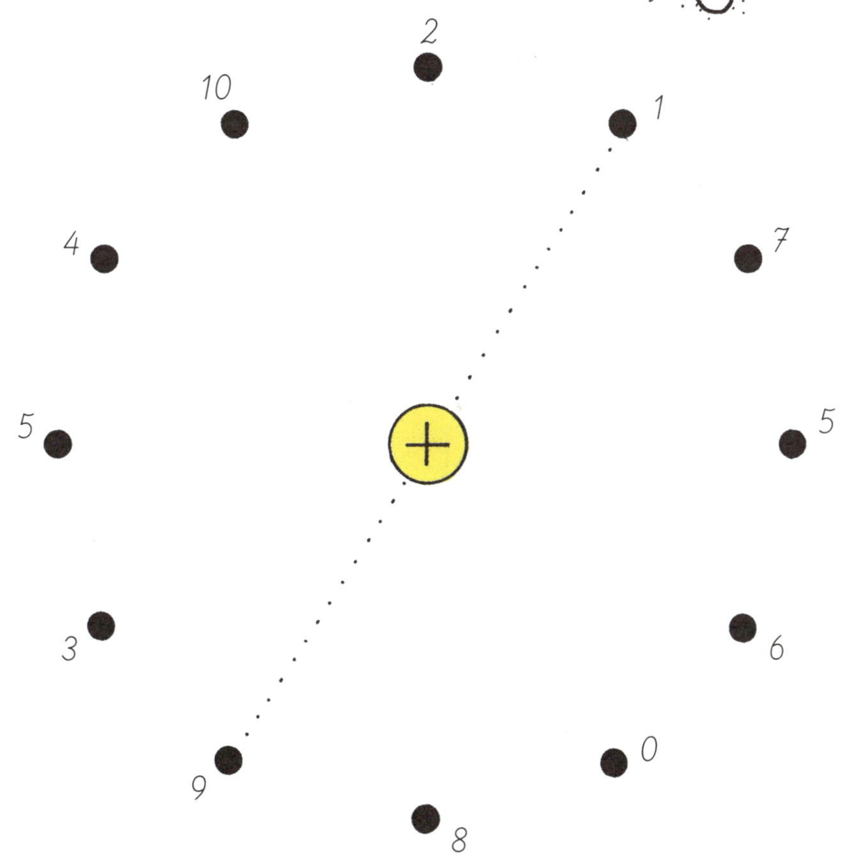

Wir rechnen Plusaufgaben bis 10

Rechne alle Aufgaben.

2 + 1 =
4 + 2 =
6 + 3 =
3 + 2 =
7 + 1 =

5 + 3 =
8 + 2 =
9 + 1 =
3 + 5 =
6 + 4 =
1 + 3 =
3 + 7 =

2 + 3 =
4 + 5 =
2 + 4 =
1 + 9 =
3 + 5 =
1 + 8 =
6 + 2 =
4 + 3 =
1 + 6 =
2 + 5 =
3 + 2 =
2 + 7 =
5 + 4 =
3 + 6 =

Kannst du das Haus vom Nikolaus in einem Zug ohne abzusetzen zeichnen?

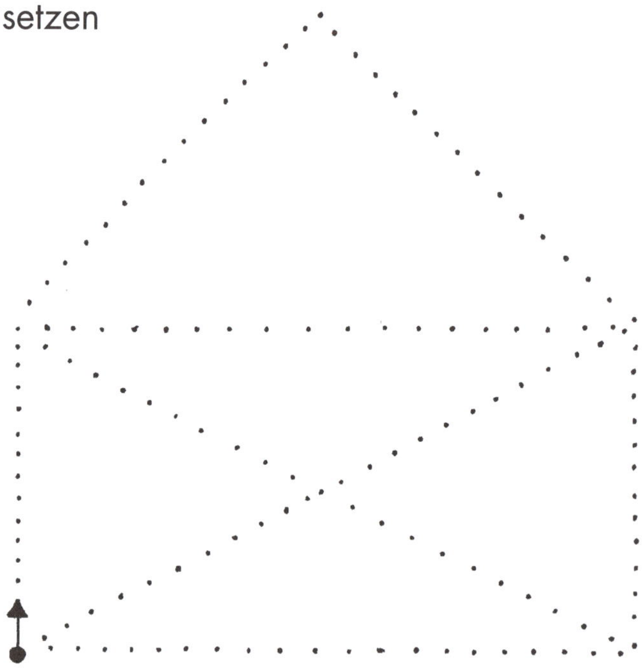

Rechne so schnell wie
du kannst.

1 + 1 =
1 + 2 =
1 + 3 =
1 + 4 =
1 + 5 =
1 + 6 =
1 + 7 =
1 + 8 =
1 + 9 =
2 + 1 =
2 + 2 =
2 + 3 =
2 + 4 =
2 + 5 =
2 + 6 =
2 + 7 =
2 + 8 =

3 + 1 =
3 + 2 =
3 + 3 =
3 + 4 =
3 + 5 =
3 + 6 =
3 + 7 =
4 + 1 =
4 + 2 =
4 + 3 =
4 + 4 =
4 + 5 =
4 + 6 =

Ergänze die fehlenden Zahlen.

3 + 4 =	3 + 2 =
4 + 4 =	3 + 3 =
5 + 4 =	3 + =
0 + 1 =	4 + 3 =
1 + 1 =	4 + 4 =
2 + 1 =	4 + 5 =
1 + 2 =	2 + 1 =
2 + 2 =	2 + 2 =
3 + =	2 + =
4 + 5 =	5 + 4 =
5 + 5 =	5 + 5 =
*6 + =	*5 + =

*Bei diesen Aufgaben rechnest du schon über 10.

Rechne alle Aufgaben.
Vergleiche hier.

Kannst du das rechnen?

5 + 5 = 10	3 + 2 =
7 + 2 =	7 + 1 =
4 + 3 =	3 + 3 =
1 + 4 =	4 + 5 =
6 + 3 =	7 + 3 =
8 + 2 =	5 + 4 =
2 + 6 =	2 + 8 =
1 + 6 =	3 + 4 =
3 + 6 =	4 + 1 =
2 + 3 =	3 + 7 =

Male die passenden Ergebnisfelder an.

Welche Zahl fehlt, damit das Ergebnis richtig ist?

4 + __ = 10	2 + __ = 8
2 + __ = 10	3 + __ = 7
5 + __ = 10	9 + __ = 10
3 + __ = 10	5 + __ = 6
1 + __ = 10	4 + __ = 8
8 + __ = 10	2 + __ = 9
7 + __ = 10	4 + __ = 6
9 + __ = 10	3 + __ = 8
6 + __ = 10	7 + __ = 9
10 + __ = 10	2 + __ = 5

Ergänze die Zahlen.

1	2			5				9	10

Welcher Hund sieht wie der erste aus?
Male ihn an.

2 + 4 =	4 + 2 =
1 + 7 =	7 + 1 =
3 + 6 =	6 + 3 =
2 + 7 =	7 + 2 =
4 + 5 =	5 + 4 =
2 + 5 =	+ =
1 + 8 =	+ =
3 + 7 =	+ =
4 + 6 =	+ =
2 + 6 =	+ =
1 + 5 =	+ =

Suche immer die Tauschaufgabe. Es ist leichter zu rechnen, wenn die große Zahl vorn steht.

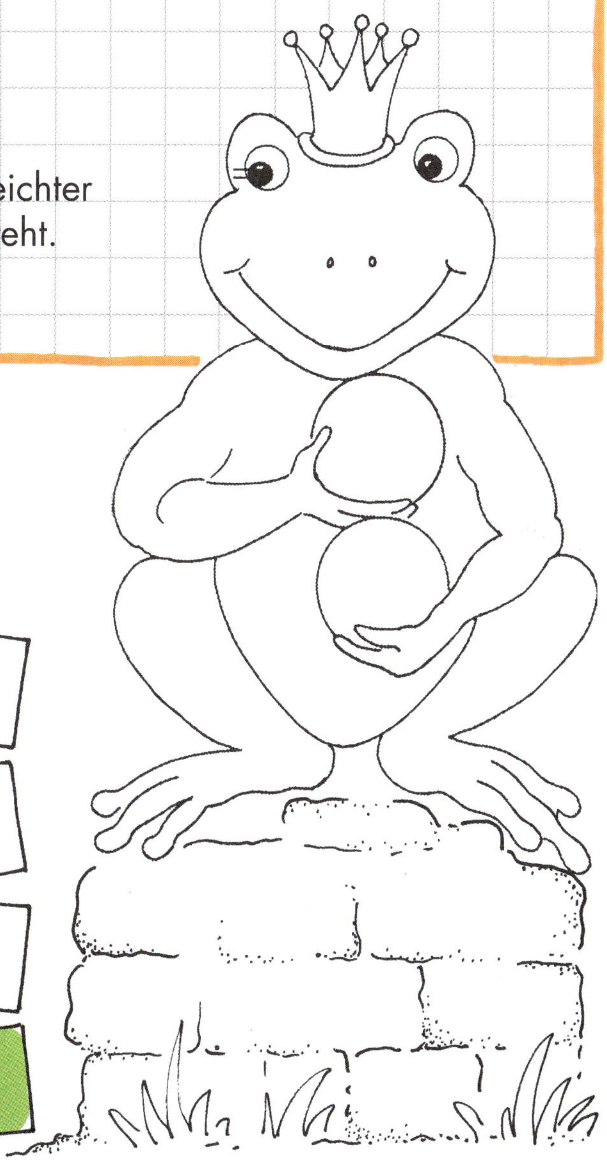

Male die fehlenden Würfelpunkte.

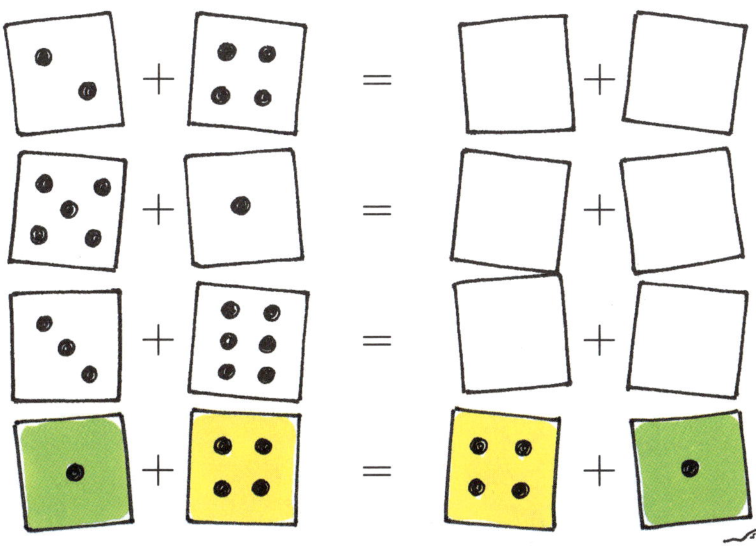

Suche die passenden Aufgaben und rechne.

= 3 + 2 + 1 =

= + + =

= + + =

= + + =

= + + =

= + + =

Male die passenden Würfelpunkte und rechne.

= 4 + 1 + 1 =

= 3 + 1 + 3 =

= 5 + 0 + 2 =

= 2 + 4 + 3 =

= 3 + 4 + 2 =

= 5 + 3 + 2 =

8

10

9

10

10

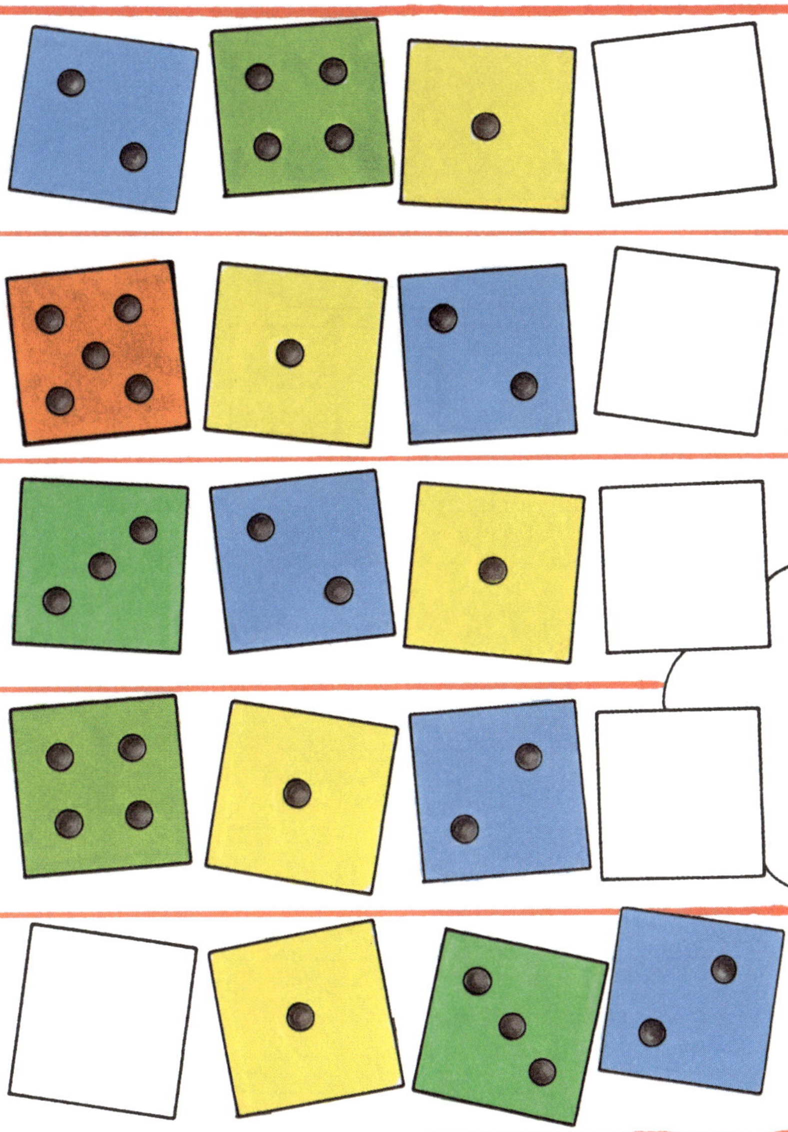

Kannst du das schon rechnen?

$3 + 2 + 1 + 2 + 0 + 2 + 4 =$

$2 + 0 + 4 + 1 + 2 + 1 + 3 =$

$4 + 1 + 2 + 1 + 2 + 2 + 4 =$

Zähle immer zwei Zahlen zusammen und schreibe das Ergebnis darüber.

2	3				
1	1	2	2	3	3

2	1	1	2	3	2	1

3	2	1	2	3	1	1

Ordnungszahlen

Trage die Startnummern der
Reihe nach ein. Schreibe auf,
wer gelbe Socken hat, wer eine Brille trägt usw.
Sprich dazu: der Erste, der Zweite …

1. 2.

2.

Wir rechnen bis 20 mit Plusaufgaben

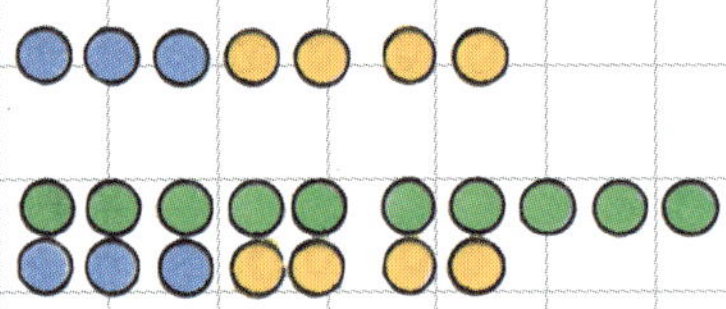

3 + 4 = 7

13 + 4 = 17

2 + 2 =

12 + 2 =

3 + 5 =

13 + 5 =

7 + 2 =

17 + 2 =

4 + 5 =

14 + 5 =

6 + 3 =

16 + 3 =

8 + 2 =

18 + 2 =

5 + 2 =

15 + 2 =

Rechne die kleine Aufgabe immer zuerst.

Ergänze die fehlenden Zahlen.

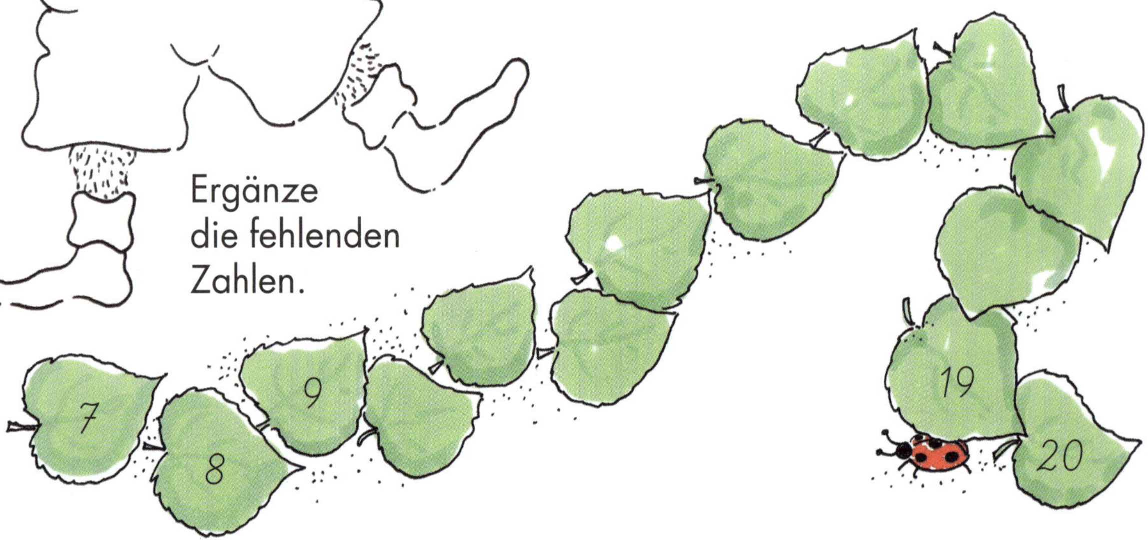

Verbinde und male in einer Farbe an, was zusammengehört.

ooooo ooooo oooo	10 + 1	15
ooooo ooooo ooo	10 + 4	13
ooooo ooooo o	10 + 5	11
ooooo ooooo ooooo ooooo	10 + 3	14
ooooo ooooo ooooo	10 + 10	16
ooooo ooooo ooooo oooo	10 + 6	12
ooooo ooooo ooooo o	10 + 2	19
ooooo ooooo oo	10 + 9	20
ooooo ooooo ooooo ooo	10 + 7	18
ooooo ooooo ooooo oo	10 + 8	17

17 + 2 =
15 + 1 =
11 + 3 =
12 + 6 =
14 + 3 =
16 + 4 =
11 + 8 =
19 + 1 =
12 + 8 =
11 + 6 =
13 + 5 =
14 + 2 =
15 + 2 =

16 + 3 =
19 + 1 =
13 + 7 =
16 + 2 =
11 + 7 =
12 + 5 =
13 + 4 =
15 + 3 =
18 + 2 =
14 + 4 =
11 + 5 =
15 + 4 =
12 + 3 =

Trage die fehlenden Zahlen ein.

Vorgänger		Nachfolger
	10	
	9	
	20	
	19	
	1	
	7	

$14 + 2 =$
$14 + 3 =$
$14 + 4 =$

$15 + 3 =$
$15 + 4 =$
$15 + 5 =$

$16 + 2 =$
$16 + 3 =$
$16 + 4 =$

$13 + 4 =$
$13 + 5 =$
$13 + 6 =$

$17 + 1 =$
$17 + 2 =$
$17 + 3 =$

$11 + 5 =$
$11 + 6 =$
$11 + 7 =$

$13 + 2 =$
$13 + 3 =$
$13 + 4 =$

$12 + 4 =$
$12 + 5 =$
$12 + 6 =$

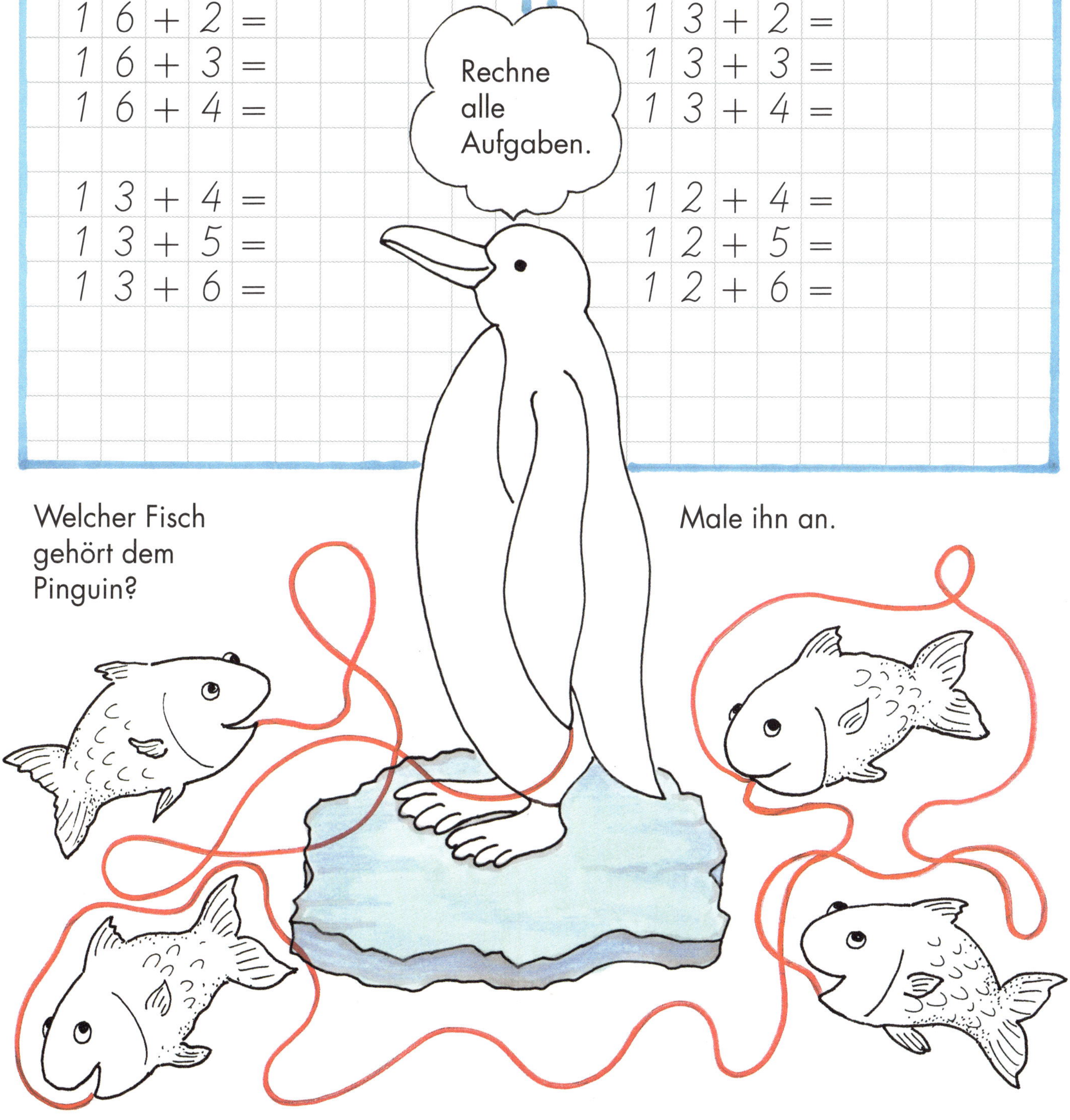

Welcher Fisch gehört dem Pinguin?

Male ihn an.

Rechne die Aufgaben.

15 + 2 =
16 + 3 =
18 + 1 =
17 + 3 =
13 + 5 =

12 + 6 =
18 + 2 =
11 + 7 =
12 + 3 =
14 + 5 =

13 + 4 =
16 + 2 =
11 + 4 =
16 + 4 =
15 + 4 =

13 + 6 =
12 + 5 =
11 + 9 =
15 + 3 =
17 + 2 =

Male die passenden Ergebnisfelder an.

Rechne die Aufgaben schrittweise. Beginne immer mit den unteren.
Ergänze zuerst bis 10 und rechne dann weiter. Nun kannst du die oberen Aufgaben auch rechnen.

7 + 4 =
7 + 3 + 1 =

8 + 5 =
8 + 2 + ___ =

9 + 3 =
9 + 1 + ___ =

6 + 5 =
6 + 4 + ___ =

8 + 3 =
8 + 2 + ___ =

7 + 5 =
7 + ___ + ___ =

9 + 6 =
9 + ___ + ___ =

7 + 7 =
7 + ___ + ___ =

Verbinde die Zahlen von 1 bis 24.

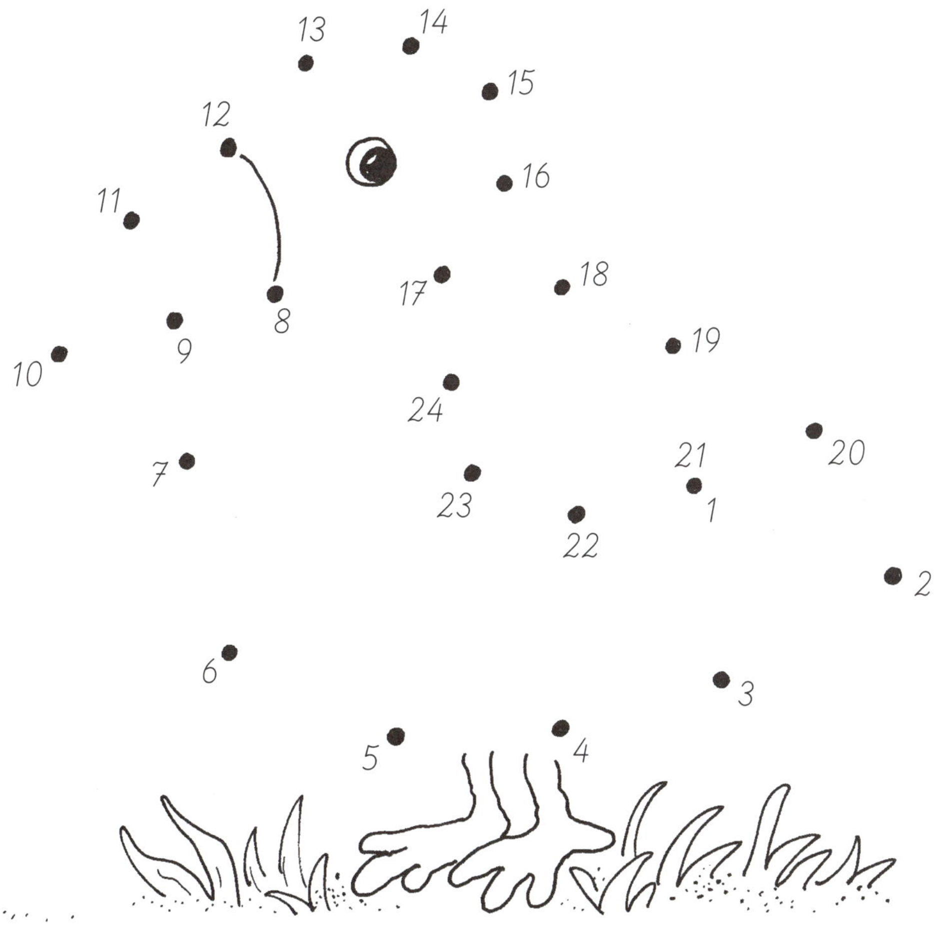

Rechne erst bis 10 und dann weiter.

9 + 4

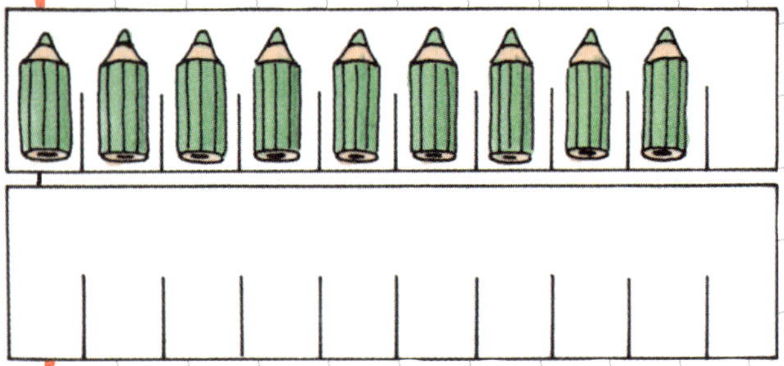

9 + 1 + 3 = 13

9 + 2 =
9 + 1 + 1 =

8 + 3 =
8 + 2 + 1 =

7 + 5 =
7 + ___ + ___ =

9 + 7 =
9 + ___ + ___ =

6 + 7 =
6 + ___ + ___ =

4 + 8 =
4 + ___ + ___ =

5 + 6 =
5 + ___ + ___ =

5 + 7 =
5 + ___ + ___ =

8 + 4 =
8 + ___ + ___ =

8 + 6 =
8 + ___ + ___ =

Hier kannst du die Aufgaben mit Plättchen nachlegen.

5 + 6 =
5 + 5 + 1 =

5 + 8 =
5 + + =

5 + 7 =
5 + + =

5 + 9 =
5 + + =

7 + 8 =
7 + + =

7 + 4 =
7 + 3 + 1 =

6 + 9 =
6 + + =

8 + 7 =
8 + + =

9 + 9 =
9 + + =

7 + 6 =
7 + + =

Rechne immer erst bis
10 und dann weiter.

Wo ist der Zwillingsbruder
von Rufus Rabenschlau?
Kreise ihn ein.

Was gehört zusammen? Male die passenden Kästchen in der gleichen Farbe an.

Vertausche die Zahlen so, dass die große Zahl vorn steht.
Vergleiche deine Ergebnisse.
Streiche sie in den Würfeln durch.

5 + 9 =
9 + 5 =

4 + 8 =
8 + 4 =

6 + 7 =
7 + 6 =

2 + 9 =
9 + 2 =

4 + 9 =
9 + 4 =

6 + 8 =
8 + 6 =

5 + 6 =
6 + 5 =

5 + 8 =
8 + 5 =

3 + 8 =
8 + =

5 + 7 =
7 + =

7 + 9 =
9 + =

8 + 9 =
9 + =

2 + 9 =
9 + =

5 + 9 =
9 + =

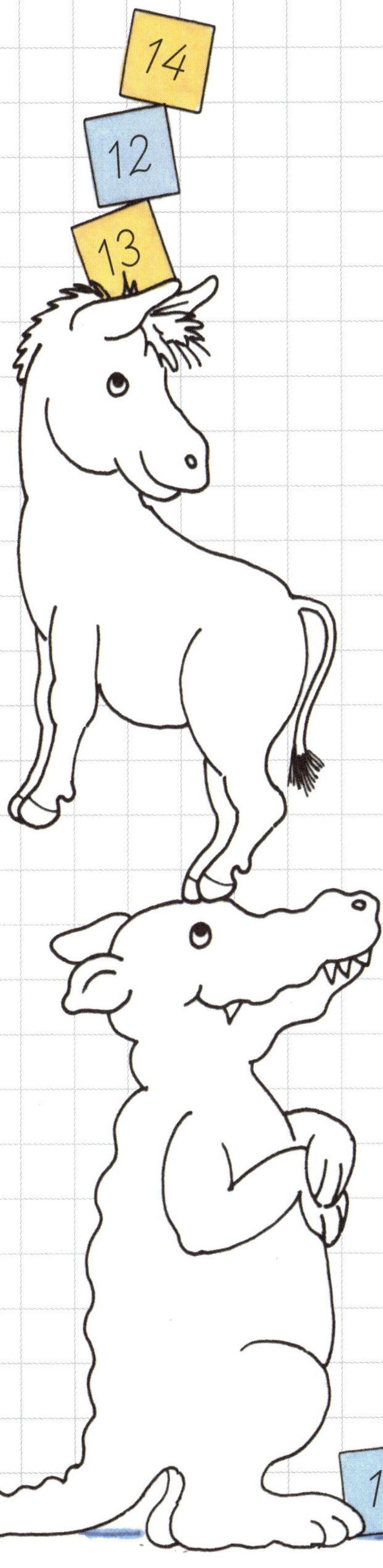

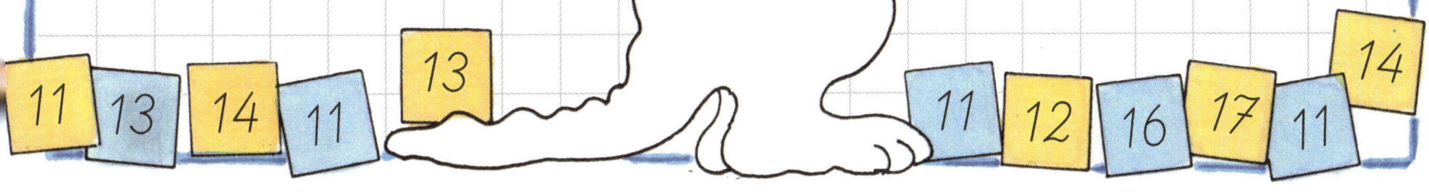

7 + 6 + 5 =
6 + 7 + 1 =
5 + 8 + 6 =
8 + 4 + 5 =
7 + 5 + 3 =

18 − 9 − 4 =
17 − 9 − 1 =
14 − 6 − 5 =
16 − 7 − 6 =

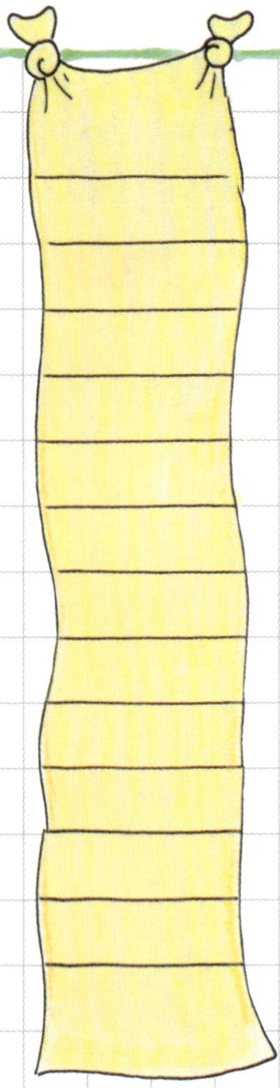

3 = L
5 = T
7 = O
14 = U
15 = R
17 = E
18 = S
19 = P

Rechne die Aufgaben und schreibe neben jedes Ergebnis den passenden Buchstaben.

So viele Würfel!
Findest du die passende Aufgabe?

___ + ___ + ___ + ___ + ___ + ___ + ___ =

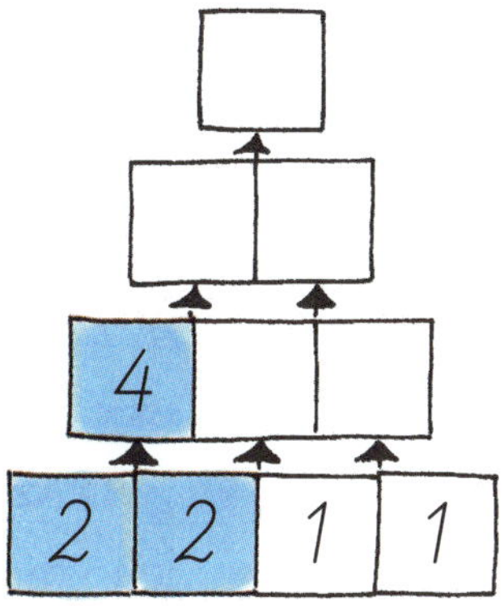

Zähle immer
zwei Zahlen
zusammen
und schreibe das
Ergebnis darüber.

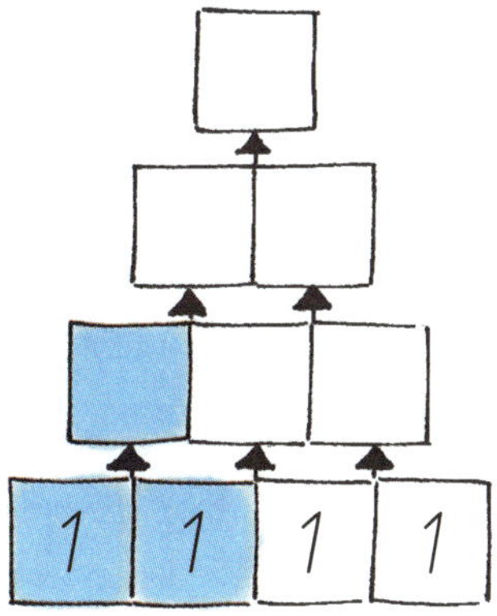

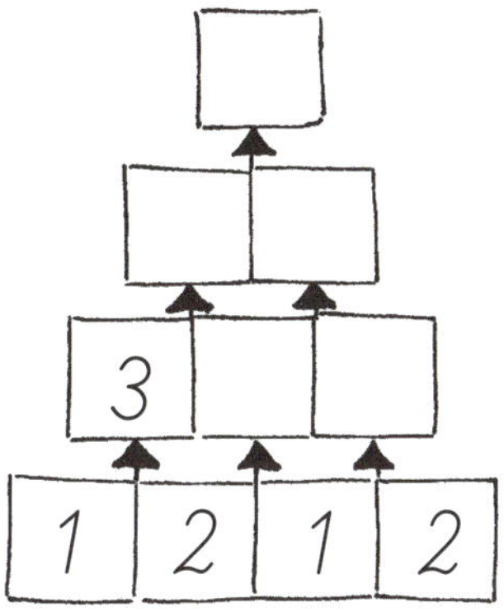

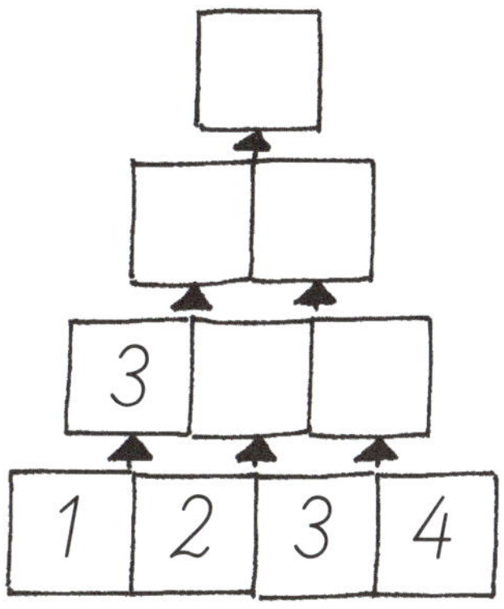

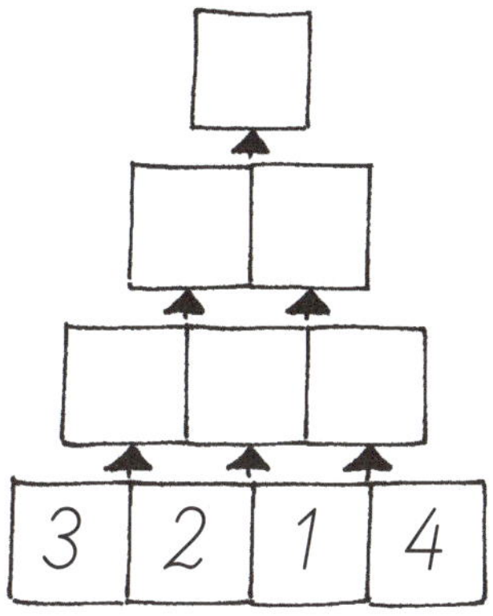

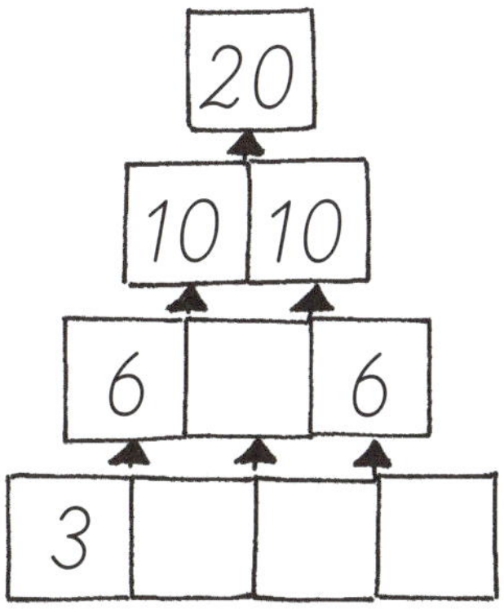

6 + 2 = 8
60 + 20 = 80

3 + 6 =
30 + 60 =

2 + 4 =
20 + 40 =

1 + 8 =
10 + 80 =

7 + 2 =
70 + 20 =

4 + 3 = 7
40 + 30 =

5 + 4 =
50 + 40 =

7 + 1 =
70 + 10 =

2 + 5 =
20 + 50 =

5 + 3 =
50 + 30 =

6 + 3 =
60 + 30 =

Rechne alle Aufgaben und dann bist du …

… fertig!

Wir rechnen minus

10 − 6 =	7 − 4 =
10 − 4 =	8 − 3 =
10 − 7 =	6 − 2 =
10 − 9 =	8 − 4 =
10 − 3 =	9 − 6 =
10 − 8 =	7 − 5 =
10 − 2 =	9 − 4 =
10 − 1 =	7 − 4 =
10 − 5 =	8 − 5 =
10 − 0 =	9 − 7 =

Kannst du alle Aufgaben ausrechnen?
Lerne die Merkaufgaben auswendig.

10 − 4 = 10 − 5 = 10 − 6 =	4 − 1 = 4 − 2 = 4 − =	7 − 4 = 8 − 4 = 9 − 4 =
8 − 3 = 8 − 4 = 8 − 5 =	2 − 0 = 2 − 1 = 2 − =	5 − 3 = 6 − 3 = 7 − 3 =
6 − 2 = 6 − 3 = 6 − 4 =	9 − 5 = 10 − 5 = 11 − 5 =	3 − 2 = 4 − 2 = 5 − 2 =
	7 − 5 = 8 − 5 = 9 − 5 =	

Kannst du das
schon ausrechnen?

____ richtige
Aufgaben!

Rechne die Aufgaben aus.

10 − 0 =	5 − 1 =
9 − 3 =	10 − 4 =
8 − 4 =	9 − 5 =
7 − 1 =	8 − 2 =
6 − 2 =	7 − 3 =
9 − 6 =	6 − 5 =
10 − 2 =	9 − 4 =
8 − 5 =	8 − 6 =

Male die Ergebnisfelder an.

$9 - 6 =$
$19 - 6 =$

$4 - 1 =$
$14 - 1 =$

$7 - 5 =$
$17 - 5 =$

$8 - 2 =$
$18 - 2 =$

$5 - 3 =$
$15 - 3 =$

$9 - 4 =$
$19 - 4 =$

$6 - 3 =$
$16 - 3 =$

$8 - 6 =$
$18 - 6 =$

$10 - 7 =$
$20 - 7 =$

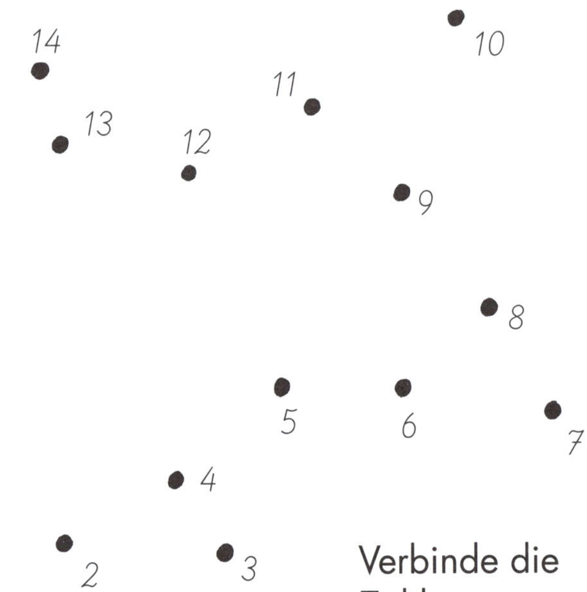

Verbinde die Zahlen von 1 bis 21.

Zu jeder Aufgabe gehört ein Ergebnis. Male die passenden Kästchen in der gleichen Farbe an.

18 – 4	11
17 – 3	12
16 – 5	14
14 – 2	13
19 – 3	12
13 – 1	14
16 – 2	11
19 – 8	16
17 – 6	14
18 – 5	11

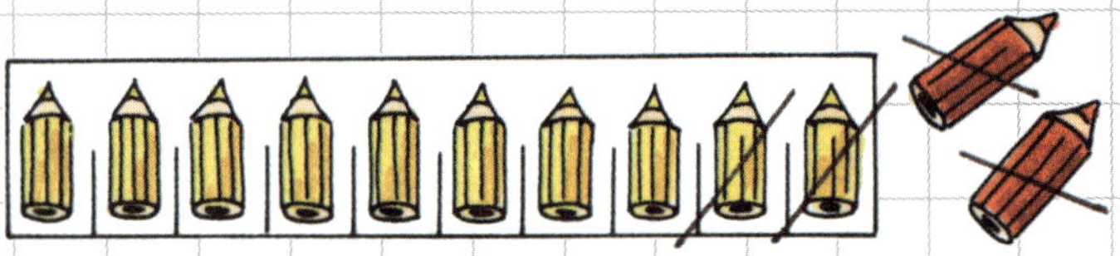

12 − 4 =
12 − 2 − 2 =

Rechne immer erst bis 10 und dann weiter.

12 − 5 =
12 − 2 − =

13 − 6 =
13 − − =

12 − 7 =
12 − − =

15 − 8 =
15 − − =

12 − 8 =
12 − − =

11 − 6 =
11 − − =

13 − 5 =
13 − − =

14 − 9 =
14 − − =

13 − 7 =
13 − − =

16 − 8 =
16 − − =

15 − 9 =
15 − − =

14 − 5 =
14 − − =

12 − 6
12 − 2 − 4 =

12 − 4
12 −   −   =

12 − 9
12 −   −   =

12 − 3
12 −   −   =

13 − 8
13 − 3 − 5 =

13 − 5
13 −   −   =

13 − 9
13 −   −   =

13 − 4
13 −   −   =

14 − 8
14 −   −   =

14 − 6
14 −   −   =

14 − 7
14 −   −   =

14 − 9
14 −   −   =

11 − 3
11 −   −   =

11 − 7
11 −   −   =

11 − 5
11 −   −   =

11 − 9
11 −   −   =

12 − 4 =
13 − 5 =
14 − 6 =
11 − 5 =
12 − 3 =

11 − 2 =
13 − 4 =
14 − 5 =
16 − 7 =
17 − 9 =

15 − 7 =
13 − 6 =
14 − 7 =
11 − 3 =
12 − 5 =

17 − 8 =
18 − 9 =
14 − 8 =
11 − 4 =
16 − 8 =

15 − 6 =
13 − 7 =
16 − 9 =
15 − 8 =
14 − 9 =

Welches Auto gehört dem Raben?
Male es an.

Wir rechnen plus oder minus

10 11 12 13 14 15 16 17 18 19 20

Rechne bis 10 zurück und vor bis 20.

10 ←	− 4	14	+ 6	→ 20
10 ←	−	17	+	→ 20
10 ←	−	11	+	→ 20
10 ←	−	19	+	→ 20
10 ←	−	15	+	→ 20
10 ←	−	16	+	→ 20

Mutter Känguru
hat 2 Kinder.
Sie besucht
ihre Freunde.
Sie haben 7 Kinder.
Wie viele Kinder
sind es insgesamt?

Zu jeder Minusaufgabe passt eine Plusaufgabe.

18 − 9 = 9	→	9 + 9 = 18
15 − 7 = 8		8 + 7 =
12 − 7 =		+ 7 =
13 − 5 =		+ 5 =
11 − 4 =		+ 4 =
15 − 6 =		+ =
17 − 9 =		+ =
16 − 7 =		+ =
14 − 8 =		+ =
13 − 9 =		+ =

In jeder Reihe ist ein Tier anders.
Kreuze es an.

8 [+ 6] → 14

9 [+] → 16

12 [+] → 20

7 [ ] → 11

8 [ ] → 12

3 [ ] → 11

16 [ ] → 8

12 [ ] → 4

17 [ ] → 20

10 [ ] → 5

16 [ ] → 9

12 [ ] → 7

13 [ ] → 9

15 [ ] → 6

12 [ ] → 3

14 [ ] → 9

Was musst du rechnen?
Plus oder minus?

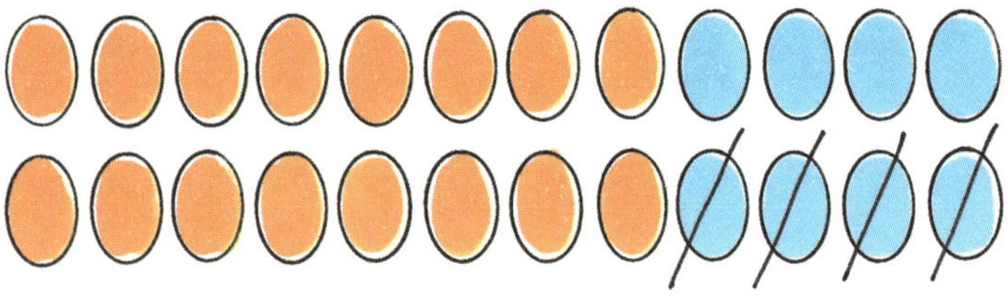

$8 + 4 = 12$

$12 - 4 = 8$

Zu jeder Plusaufgabe gehört eine Minusaufgabe.

Schreibe beide Aufgaben auf und rechne sie aus.

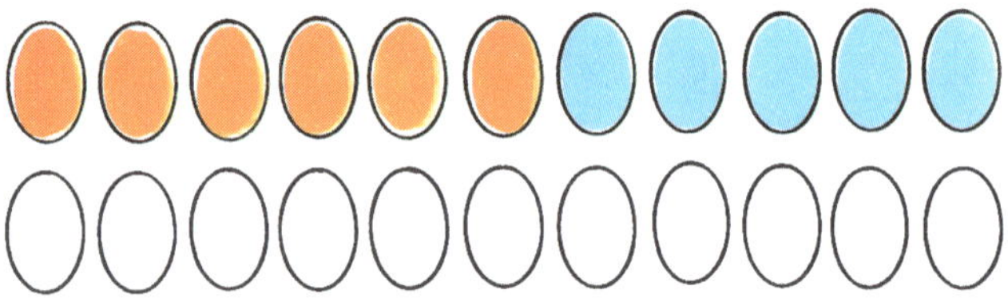

$6 + 5 =$

$\quad - \quad =$

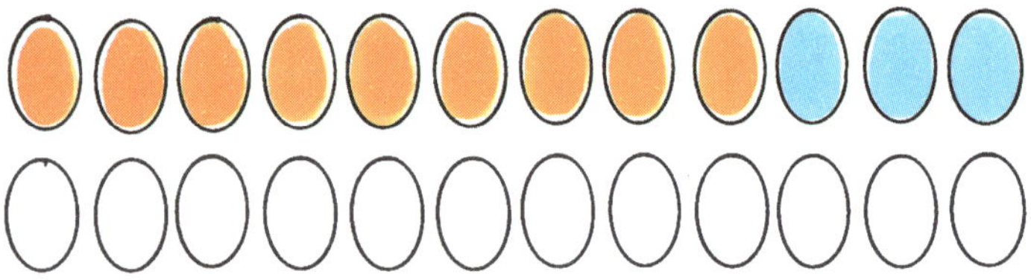

$9 + 3 =$

$\quad - \quad =$

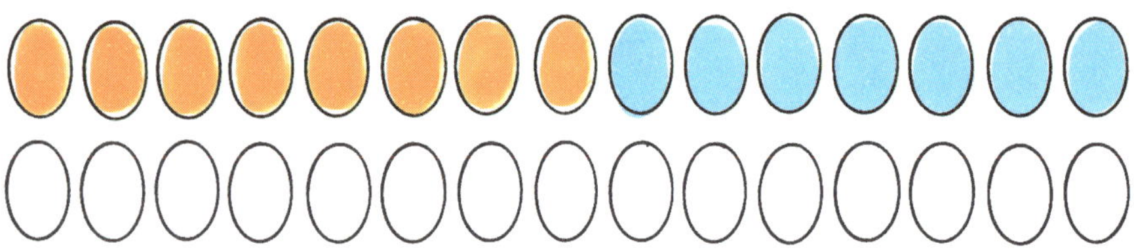

$8 + \quad =$

$\quad - \quad =$

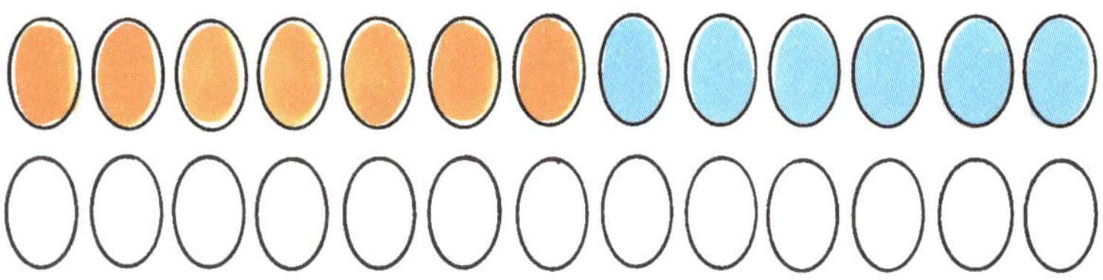

$7 + \quad =$

$\quad - \quad =$

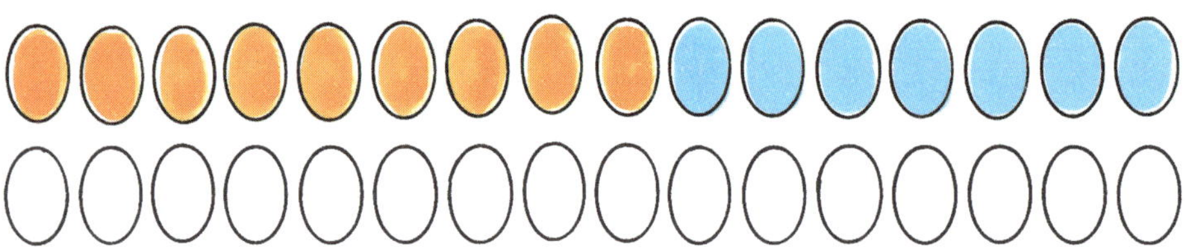

$\quad + \quad =$

$\quad - \quad =$

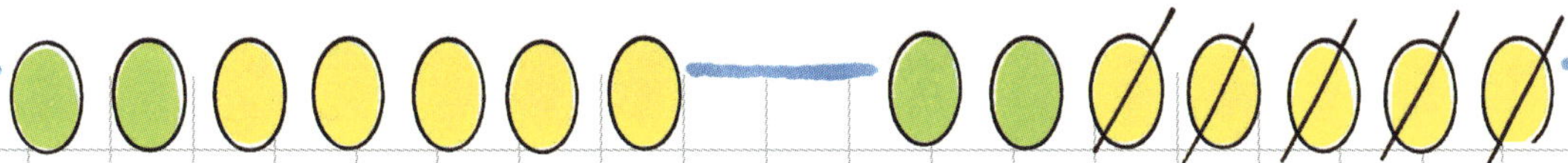

2 + 5 = 7 →	7 − 5 = 2
3 + 6 =	9 − 6 = 3
1 + 7 =	− = 6
4 + 5 =	− =
6 + 2 =	− =
5 + 3 =	− =
6 + 1 =	− =
7 + 3 =	− =
2 + 6 =	− =
3 + 3 =	− =
4 + 6 =	
1 + 8 =	

Rechne die Aufgaben
und suche die Umkehraufgaben.

Margret hat
13 Hühner und
4 Küken.
Wie viele Tiere
sind es insgesamt?

1 + 1 = 2	2 − 1 = 1
2 + 2 =	4 − 2 =
3 + 3 =	6 − 3 =
4 + 4 =	8 − 4 =
5 + 5 =	10 − 5 =
6 + 6 =	12 − 6 =
7 + 7 =	14 − 7 =
8 + 8 =	16 − 8 =
9 + 9 =	18 − 9 =
10 + 10 =	20 − 10 =

Rechne die Aufgaben und
vergleiche die Ergebnisse.

Findest du heraus,
welche Zahlen
in den Aufgaben
fehlen?
Trage sie ein
und streiche
sie unten in den
Kugeln weg.

9	+		=	15
8	+		=	13
4	+		=	11
8	+		=	12
7	+		=	14

13	–		=	8
15	–		=	9
12	–		=	9
14	–		=	5
15	–		=	7

	+	9	=	17
	+	7	=	12
	+	8	=	14
	+	4	=	11
	+	7	=	16

	–	7	=	5
	–	3	=	8
	–	6	=	6
	–	5	=	9
	–	8	=	6

Welche Aufgaben gehören zu den Tabellen? Schreibe sie auf und rechne.
Trage die Ergebnisse richtig in die Tabellen ein.

+	1	2	3
3	4		
4			
5			

3 + 1 = 4
3 + 2 =
3 + 3 =
4 + 1 =
4 + =
\+ =
5 + =
\+ =
\+ =

−	2	3	4
7			
8			
9			

7 − 2 =
7 − 3 =
7 − =
8 − =
− =
− =
9 − =
− =
− =

Zahlen auf einen Blick

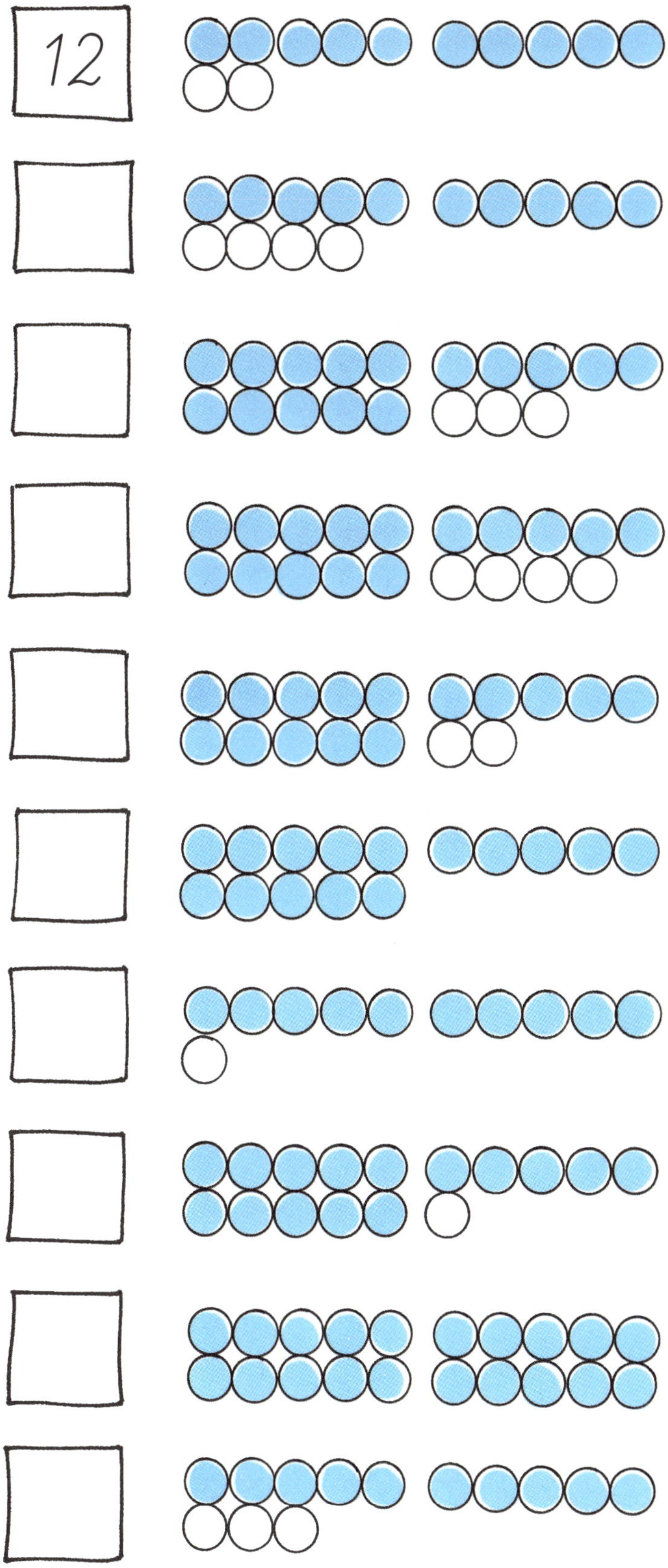

Erkennst du auf einen Blick,
wie viele Kugeln es jeweils
sind?

Vorgänger und Nachfolger

Trage die fehlenden Zahlen ein.

Vorgänger		Nachfolger
13	14	15
	17	
	12	
	19	
	15	
	16	
	10	
10		
	18	
		20
	13	
11		
	38	
	29	
	43	
	52	
	61	
	74	

Verdoppeln

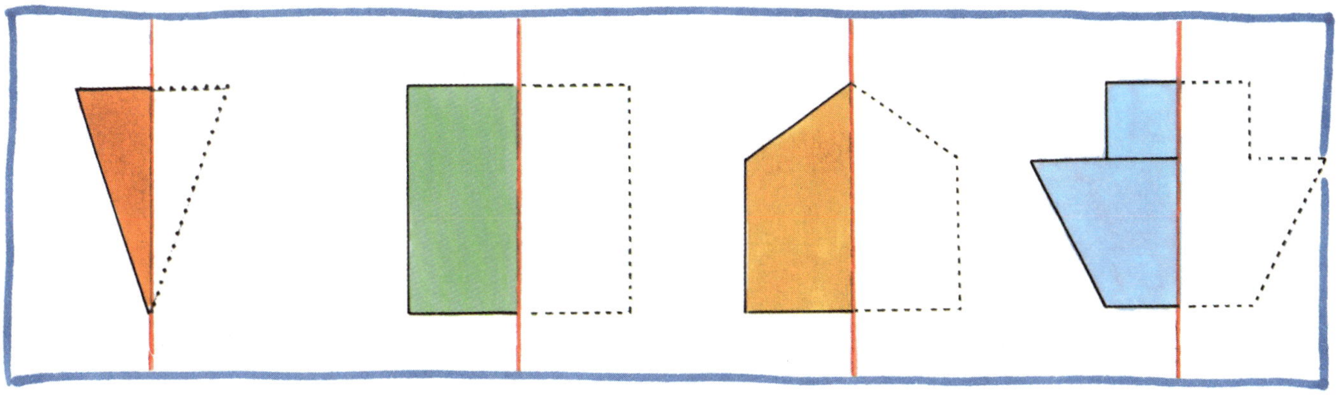

Hier musst du
alles verdoppeln.

4	7	9	8	6	5	3	2	1
						6		

●●●●●	●●●●● ●●●●	●●●●	●●●●● ●●●●●	●●●●● ●	●●	●	●●●	●●●●● ●●
						●●		

Hier wird alles verdoppelt. Schreibe die richtige Zahl auf.

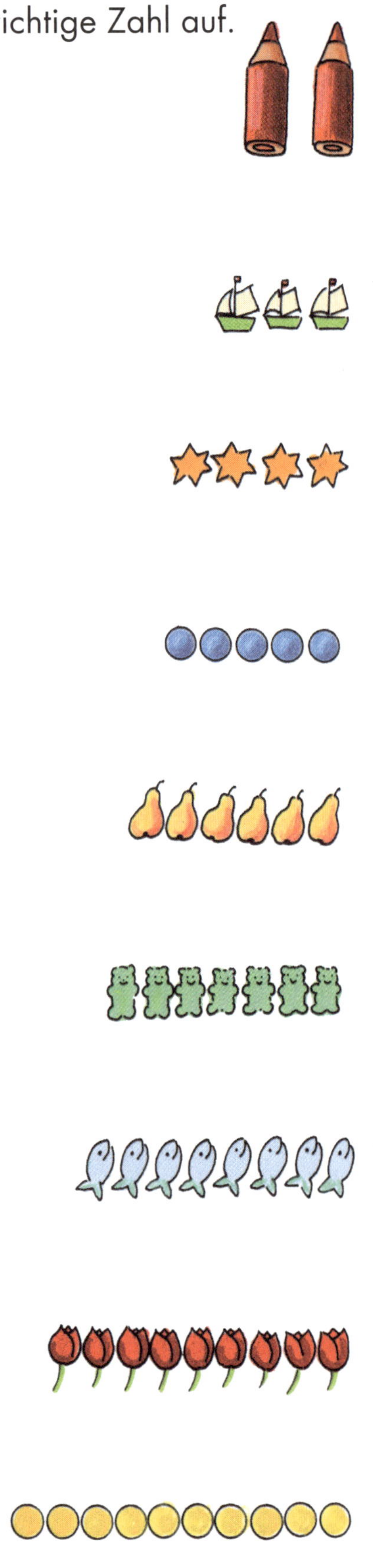

1	2
2	
3	
4	
5	
6	
7	
8	
9	
10	

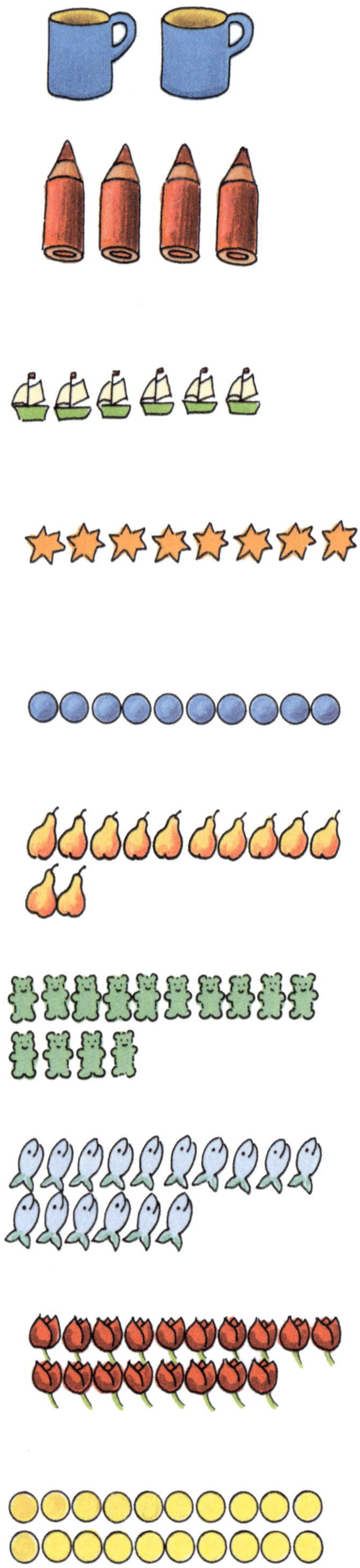

Ein halbes
Haus!
Zeichne
die fehlende
Hälfte und
male es an.

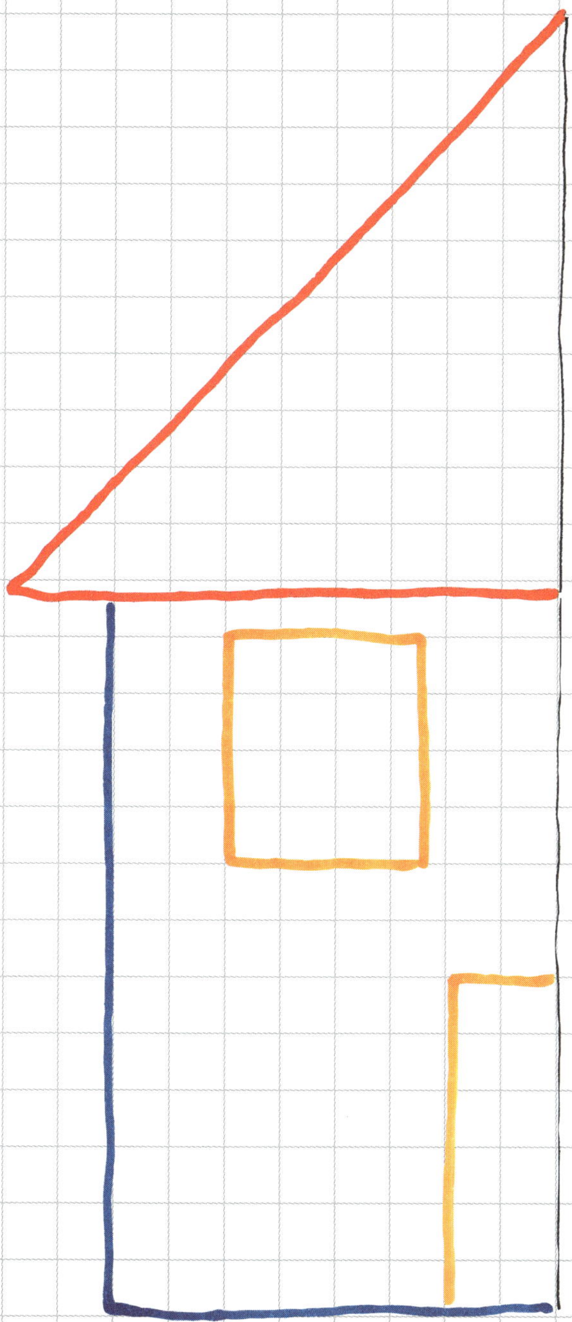

Wir halbieren

Hier musst
du alles
halbieren.

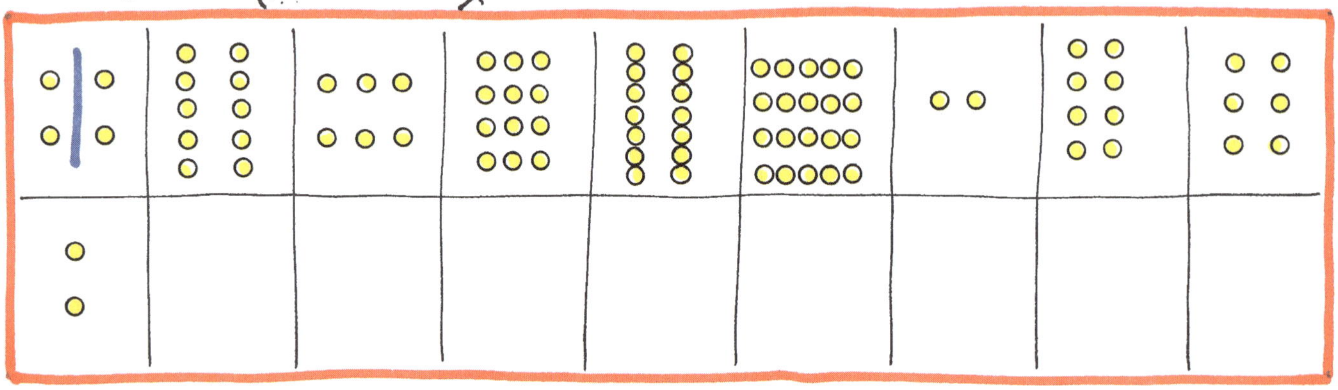

10	14	20	16	18	12	2	6	4
5								

Welche Hälften gehören zusammen?
Male sie in der gleichen Farbe an.

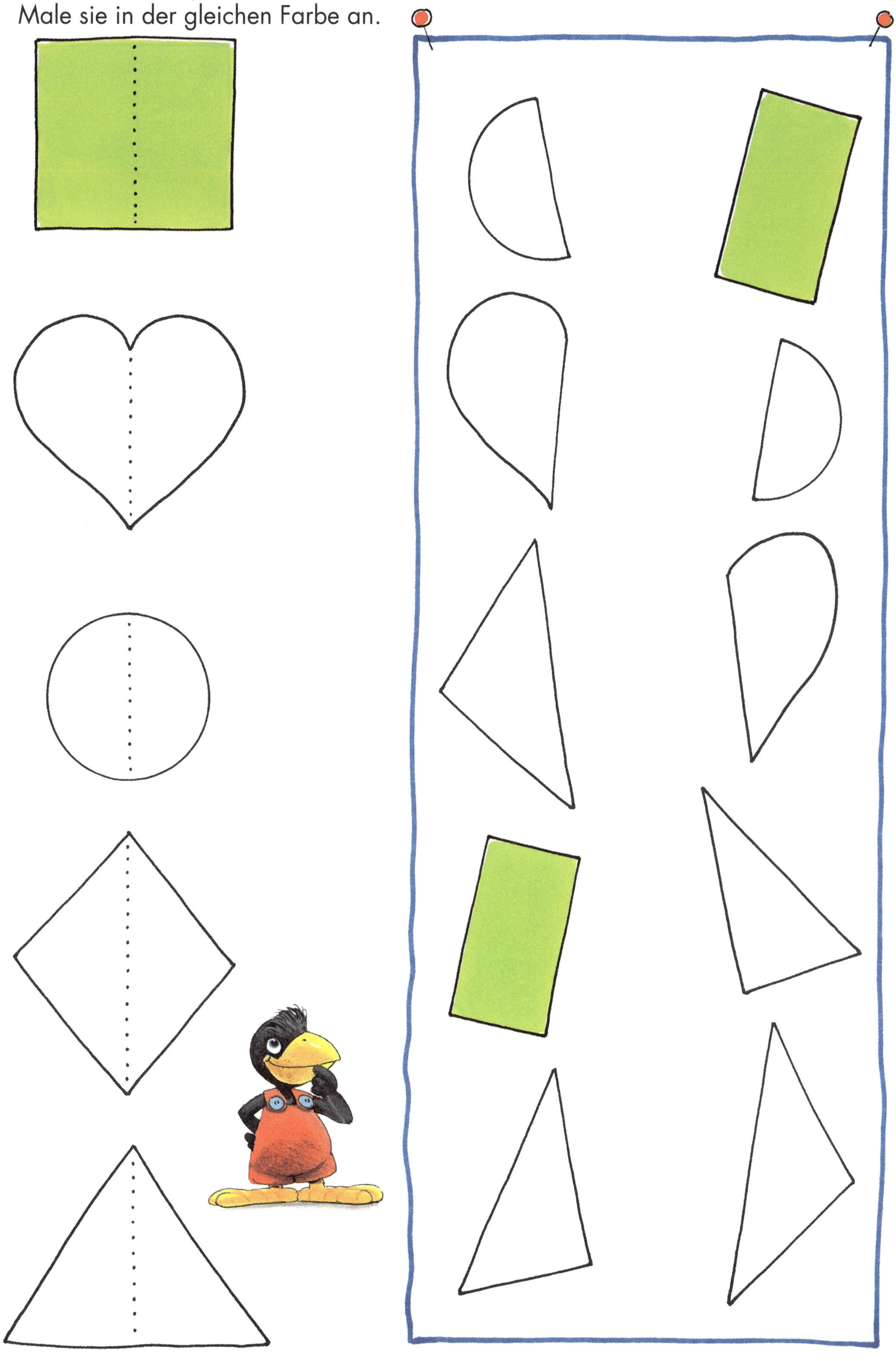

Zauberdreiecke

Immer 3 Zahlen
ergeben 12.
Welche Zahlen
fehlen?

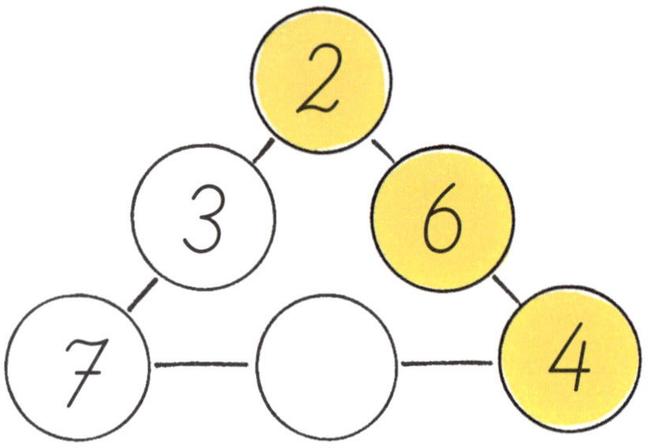

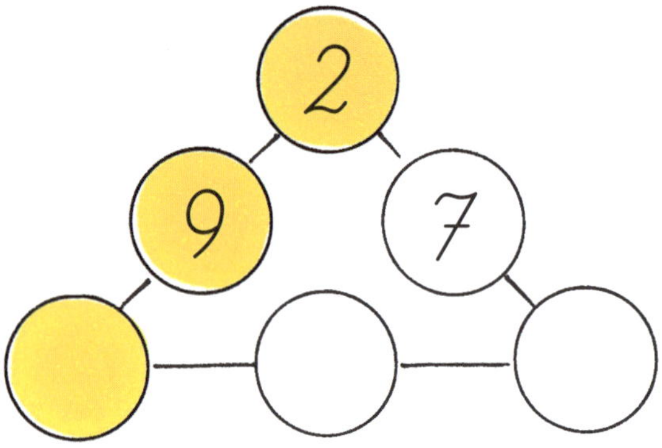

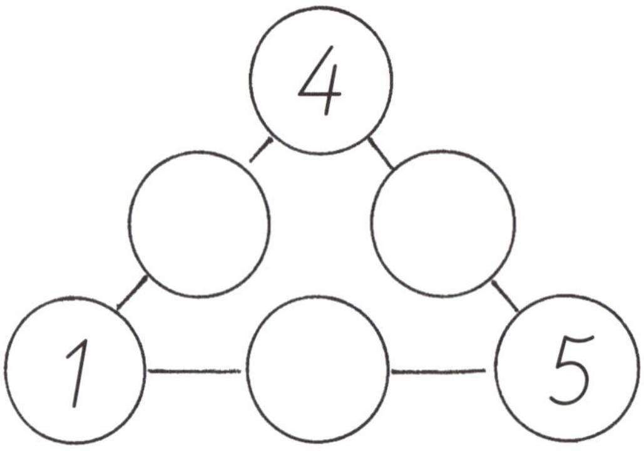

Immer 3 Zahlen
ergeben 13.

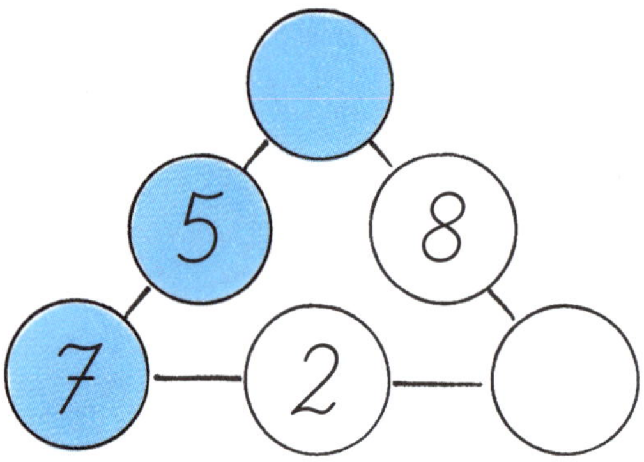

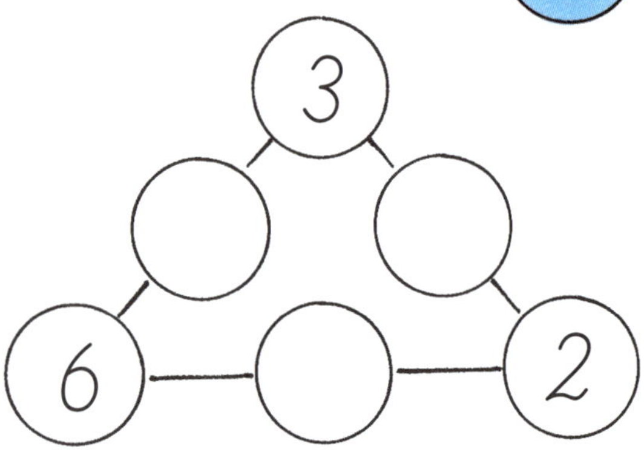

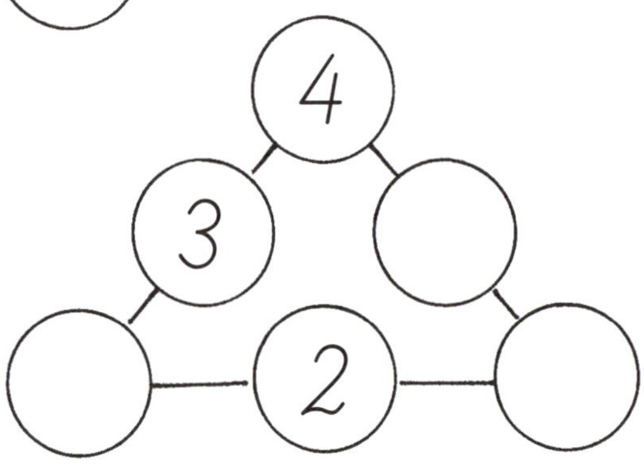

Lösungen

Seite 9
2 Frösche
2 Anspitzer
2 Eistüten
1 Mädchen
1 Segelboot
2 Hunde

Seite 11
4 Mäuse
5 Nägel
4 Marienkäfer
5 Blumen
4 Federn
4 Schlüssel
5 Bälle
5 Schnecken

Seite 14

Fische	4
Katzen	2
Boote	4
Stühle	4
Birnen	4

Seite 17
oben:
6 Eier
7 Zwerge
7 Gummibärchen
6 Punkte

unten:
Erstes Fähnchen:
3, 4, 5, 6, 7

Zweites Fähnchen:
2, 3, 4, 5, 6, 7

Seite 18

Seite 20
2, 4, 3, 5, 6, 7

Seite 21
oben:
8 Ameisen
9 Murmeln
10 Buntstifte

unten:

1 2 3 4 5 6 7 8 (9)
6 3 (9) 5 4 (9) 7 6 8
5 4 1 (9) 6 (9) 8 (9) 7
5 3 7 6 8 8 (9) 6 (9)
(9) 6 (9) 3 (9) 6 (9) 3 (9)

Seite 22
Das 4. Haus sieht anders aus.
Der 5. und der 8. Stern sehen anders aus.
Die 4., die 8.,die 10. und die 12. Blume sehen anders aus.

Seite 24
9 Sterne
9 Buntstifte
9 Bälle

Seite 26
oben:

3=0+3	4=0+4
3=1+2	4=1+3
3=2+1	4=2+2
3=3+0	4=3+1
	4=4+0
5=0+5	6=0+6
5=1+4	6=1+5
5=2+3	6=2+4
5=3+2	6=3+3
5=4+1	6=4+2
5=5+0	6=5+1
	6=6+0

unten:
3+4=7
2+5=7
1+6=7
4+3=7

Seite 27

oben:	unten:
7=5+2	8=7+1
7=4+3	8=5+3
7=6+1	8=6+2
7=3+4	8=4+4
7=1+6	8=3+5
7=0+7	8=0+8
7=2+5	8=8+0
7=7+0	8=2+6
	8=1+7

Seite 28

links:	rechts:
9=0+9	10= 0+10
9=1+8	10= 1+ 9
9=2+7	10= 2+ 8
9=3+6	10= 3+ 7
9=4+5	10= 4+ 6
9=5+4	10= 5+ 5
9=6+3	10= 6+ 4
9=7+2	10= 7+ 3
9=8+1	10= 8+ 2
9=9+0	10= 9+ 1
	10=10+ 0

Der Fisch mit 5 Punkten und der Fisch mit 4 Punkten gehören zusammen.
Der Fisch mit 6 Punkten und der Fisch mit 3 Punkten gehören zusammen.
Der Fisch mit 2 Punkten und der Fisch mit 7 Punkten gehören zusammen.

Seite 29

oben:	unten:
10= 5+5	1 und 9
10= 9+1	2 und 8
10= 3+7	3 und 7
10=10+0	4 und 6
10= 1+9	5 und 5
10= 4+5	10 und 0
10= 6+4	
10= 8+2	
10= 7+3	
10= 1+9	

Seite 30

links:	rechts:
2+1= 3	2+3= 5
4+2= 6	4+5= 9
6+3= 9	2+4= 6
3+2= 5	1+9=10
7+1= 8	3+5= 8
	1+8= 9
5+3= 8	6+2= 8
8+2=10	4+3= 7
9+1=10	1+6= 7
3+5= 8	2+5= 7
6+4=10	3+2= 5
1+3= 4	2+7= 9
3+7=10	5+4= 9
	3+6= 9

Seite 31

1+1= 2	3+1= 4
1+2= 3	3+2= 5
1+3= 4	3+3= 6
1+4= 5	3+4= 7
1+5= 6	3+5= 8
1+6= 7	3+6= 9
1+7= 8	3+7=10
1+8= 9	4+1= 5
1+9=10	4+2= 6
2+1= 3	4+3= 7
2+2= 4	4+4= 8
2+3= 5	4+5= 9
2+4= 6	4+6=10
2+5= 7	
2+6= 8	
2+7= 9	
2+8=10	

Seite 32

3+4= 7	3+2= 5
4+4= 8	3+3= 6
5+4= 9	3+4= 7
0+1= 1	4+3= 7
1+1= 2	4+4= 8
2+1= 3	4+5= 9
1+2= 3	2+1= 3
2+2= 4	2+2= 4
3+2= 5	2+3= 5
4+5= 9	5+4= 9
5+5=10	5+5=10
6+5=11	5+6=11

Seite 33

5+5=10	3+2= 5
7+2= 9	7+1= 8
4+3= 7	3+3= 6
1+4= 5	4+5= 9
6+3= 9	7+3=10
8+2=10	5+4= 9
2+6= 8	2+8=10
1+6= 7	3+4= 7
3+6= 9	4+1= 5
2+3= 5	3+7=10

Seite 34

4+6=10	2+6= 8
2+8=10	3+4= 7
5+5=10	9+1=10
3+7=10	5+1= 6
1+9=10	4+4= 8
8+2=10	2+7= 9
7+3=10	4+2= 6
9+1=10	3+5= 8
6+4=10	7+2= 9
10+0=10	2+3= 5

Ergänze die Zahlen. 1, 2, 3, 4, 5, 6, 7, 8, 9, 10

Der letzte Hund sieht wie der erste aus.

Seite 35

oben:

2+4= 6 →	4+2= 6
1+7= 8 →	7+1= 8
3+6= 9 →	6+3= 9
2+7= 9 →	7+2= 9
4+5= 9 →	5+4= 9
2+5= 7 →	5+2= 7
1+8= 9 →	8+1= 9
3+7=10 →	7+3=10
4+6=10 →	6+4=10
2+6= 8 →	6+2= 8
1+5= 6 →	5+1= 6

unten:

2+4=4+2
5+1=1+5
3+6=6+3
1+4=4+1

Seite 36

oben:	unten:
3+2+1= 6	4+1+1= 6
4+2+3= 9	3+1+3= 7
2+3+2= 7	5+0+2= 7
5+1+3= 9	2+4+3= 9
2+1+3= 6	3+4+2= 9
6+3+1=10	5+3+2=10

Seite 37

oben:

8=2+4+1+1
10=5+1+2+2
9=3+2+1+3
10=4+1+2+3
10=4+1+3+2

unten:

3+2+1+2+0+2+4=14
2+0+4+1+2+1+3=13
4+1+2+1+2+2+4=16

Seite 38

Seite 39

Gelbe Socken tragen:
1. (Igel)
2. (Fuchs)
4. (Maus)
6. (Bär)
7. (Marsmännchen)
10. (Frosch)

Eine Brille tragen:
2. (Fuchs)
5. (Hase)
6. (Bär)
9. (Schwein)

Eine Schleife tragen:
3. (Katze)
4. (Maus)
8. (Ente)

Eine blaue Hose tragen:
1. (Igel)
2. (Fuchs)
4. (Maus)
6. (Bär)
9. (Schwein)

Ein rotes Hemd tragen:
1. (Igel)
4. Maus)
6. (Bär)
8. (Ente)
10. (Frosch)

Grüne Schuhe tragen:
3. (Katze)
5. (Hase)
7. (Marsmännchen)
9. (Schwein)

Seite 40

3+4= 7	4+5= 9
13+4=17	14+5=19
2+2= 4	6+3= 9
12+2=14	16+3=19
3+5= 8	8+2=10
13+5=18	18+2=20
7+2= 9	5+2= 7
17+2=19	15+2=17

Blattgirlande:
7, 8, 9, 10, 11, 12, 13, 14, 15, 16, 17, 18, 19, 20

Seite 41

10+ 1=11
10+ 4=14
10+ 5=15
10+ 3=13
10+10=20
10+ 6=16
10+ 2=12
10+ 9=19
10+ 7=17
10+ 8=18

Seite 42

oben:

17+2=19	16+3=19
15+1=16	19+1=20
11+3=14	13+7=20
12+6=18	16+2=18
14+3=17	11+7=18
16+4=20	12+5=17
11+8=19	13+4=17
19+1=20	15+3=18
12+8=20	18+2=20
11+6=17	14+4=18
13+5=18	11+5=16
14+2=16	15+4=19
15+2=17	12+3=15

unten:

9	10	11
8	9	10
19	20	21
18	19	20
0	1	2
6	7	8

Seite 43

14+2=16	17+1=18
14+3=17	17+2=19
14+4=18	17+3=20
15+3=18	11+5=16
15+4=19	11+6=17
15+5=20	11+7=18
16+2=18	13+2=15
16+3=19	13+3=16
16+4=20	13+4=17
13+4=17	12+4=16
13+5=18	12+5=17
13+6=19	12+6=18

Dem Pinguin gehört der Fisch links oben.

Seite 44

15+2=17	13+4=17
16+3=19	16+2=18
18+1=19	11+4=15
17+3=20	16+4=20
13+5=18	15+4=19
12+6=18	13+6=19
18+2=20	12+5=17
11+7=18	11+9=20
12+3=15	15+3=18
14+5=19	17+2=19

Seite 45

7+4 =11	8+3 =11
7+3+1=11	8+2+1=11
8+5 =13	7+5 =12
8+2+3=13	7+3+2=12
9+3 =12	9+6 =15
9+1+2=12	9+1+5=15
6+5 =11	7+7 =14
6+4+1=11	7+3+4=14

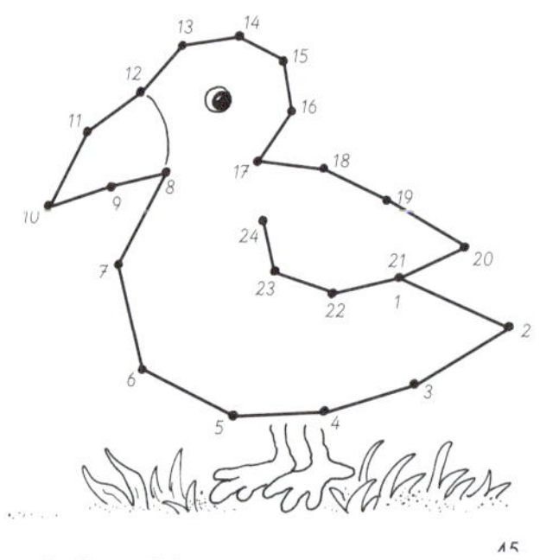

Seite 46

9+4 =13	9+1+3=13
9+2 =11	8+3 =11
9+1+1=11	8+2+1=11
7+5 =12	9+7 =16
7+3+2=12	9+1+6=16

6+7 =13 4+8 =12
6+4+3=13 4+6+2=12

5+6 =11 5+7 =12
5+5+1=11 5+5+2=12

8+4 =12 8+6 =14
8+2+2=12 8+2+4=14

Seite 47
5+6 =11 7+4 =11
5+5+1=11 7+3+1=11

5+8 =13 6+9 =15
5+5+3=13 6+4+5=15

5+7 =12 8+7 =15
5+5+2=12 8+2+5=15

5+9 =14 9+9 =18
5+5+4=14 9+1+8=18

7+8 =15 7+6 =13
7+3+5=15 7+3+3=13

Der Zwillingsbruder des Raben steht ganz rechts.

Seite 48
11=6+5, 7+4, 9+2, 8+3
12=9+3, 8+4, 7+5
13=7+6, 8+5, 9+4
14=9+5, 8+6
15=8+7, 9+6
16=9+7
17=9+8
18=9+9, 10+8
19=10+9, 8+11

Seite 49
5+9=14 5+8=13
9+5=14 8+5=13

4+8=12 3+8=11
8+4=12 8+3=11

6+7=13 5+7=12
7+6=13 7+5=12

2+9=11 7+9=16
9+2=11 9+7=16

4+9=13 8+9=17
9+4=13 9+8=17

6+8=14 2+9=11
8+6=14 9+2=11

5+6=11 5+9=14
6+5=11 9+5=14

Seite 50
oben:
7+6+5=18
6+7+1=14
5+8+6=19
8+4+5=17
7+5+3=15

18–9–4=5
17–9–1=7
14–6–5=3
16–7–6=3

Lösungswörter:
SUPER TOLL

unten:
2+4+1+3+5+2+3=20

Seite 51

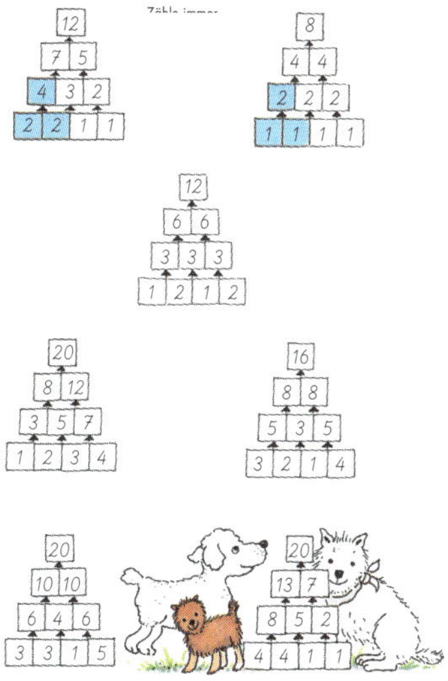

Seite 52
6+ 2= 8
60+20=80

3+ 6= 9
30+60=90

2+ 4= 6
20+40=60

1+ 8= 9
10+80=90

7+ 2= 9
70+20=90

4+ 3= 7
40+30=70

5+ 4= 9
50+40=90

7+ 1= 8
70+10=80

2+ 5= 7
20+50=70

5+ 3= 8
50+30=80

6+ 3= 9
60+30=90

Seite 53
10–6= 4 7–4=3
10–4= 6 8–3=5
10–7= 3 6–2=4
10–9= 1 8–4=4
10–3= 7 9–6=3
10–8= 2 7–5=2
10–2= 8 9–4=5
10–1= 9 7–4=3
10–5= 5 8–5=3
10–0=10 9–7=2

Merkaufgaben:
10–5=5
8–4=4
6–3=3
4–2=2
2–1=1

Seite 54
links:
10–4=6 8–3=5
10–5=5 8–4=4
10–6=4 8–5=3

6–2=4
6–3=3
6–4=2

mitte:
4–1=3 2–0=2
4–2=2 2–1=1
4–3=1 2–2=0

9–5=4 7–5=2
10–5=5 8–5=3
11–5=6 9–5=4

rechts:
7–4=3 5–3=2
8–4=4 6–3=3
9–4=5 7–3=4

3–2=1
4–2=2
5–2=3

Seite 55
10–0=10 5–1=4
9–3= 6 10–4=6
8–4= 4 9–5=4
7–1= 6 8–2=6
6–2= 4 7–3=4
9–6= 3 6–5=1
10–2= 8 9–4=5
8–5= 3 8–6=2

Seite 56
9–6= 3 5–3= 2
19–6=13 15–3=12

4–1= 3 9–4= 5
14–1=13 19–4=15

7–5= 2 6–3= 3
17–5=12 16–3=13

8–2= 6 8–6= 2
18–2=16 18–6=12

10–7= 3
20–7=13

Seite 57
18–4=14
17–3=14
16–5=11
14–2=12
19–3=16
13–1=12
16–2=14
19–8=11
17–6=11
18–5=13

Seite 58
12–4 =8
12–2–2=8

12–5 =7 13–6 =7
12–2–3=7 13–3–3 =7

12–7 =5 15–8 =7
12–2–5=5 15–5–3=7

12–8 =4 11–6 =5
12–2–6=4 11–1 –5=5

13–5 =8 14–9 =5
13–3–2=8 14–4–5=5

13–7 =6 16–8 =8
13–3–4=6 16–6–2=8

15–9 =6 14–5 =9
15–5–4=6 14–4–1=9

Seite 59

12−6 =6	13−8 =5
12−2−4=6	13−3−5=5
12−4 =8	13−5 =8
12−2−2=8	13−3−2=8
12−9 =3	13−9 =4
12−2−7=3	13−3−6=4
12−3 =9	13−4 =9
12−2−1=9	13−3−1=9
14−8 =6	11−3 =8
14−4−4=6	11−1−2=8
14−6 =8	11−7 =4
14−4−2=8	11−1−6=4
14−7 =7	11−5 =6
14−4−3=7	11−1−4=6
14−9 =5	11−9 =2
14−4−5=5	11−1−8=2

Seite 60

12−4=8	17−8=9
13−5=8	18−9=9
14−6=8	14−8=6
11−5=6	11−4=7
12−3=9	16−8=8
11−2=9	15−6=9
13−4=9	13−7=6
14−5=9	16−9=7
16−7=9	15−8=7
17−9=8	14−9=5

15−7=8
13−6=7
14−7=7
11−3=8
12−5=7

Das untere Auto gehört dem Raben.

Seite 61

Insgesamt sind es 9 Kängurukinder.

10 ← [− 4] 14 [+ 6] → 20
10 ← [− 7] 17 [+ 3] → 20
10 ← [− 1] 11 [+ 9] → 20
10 ← [− 9] 19 [+ 1] → 20
10 ← [− 5] 15 [+ 5] → 20
10 ← [− 6] 16 [+ 4] → 20

Seite 62

18−9=9 → 9+9=18
15−7=8 → 8+7=15
12−7=5 → 5+7=12
13−5=8 → 8+5=13
11−4=7 → 7+4=11
15−6=9 → 9+6=15
17−9=8 → 8+9=17
16−7=9 → 9+7=16
14−8=6 → 6+8=14
13−9=4 → 4+9=13

Der erste Fisch, die dritte Ente und die vierte Katze sind anders.

Seite 63

8+6=14	12−5=7
9+7=16	13−4=9
12+8=20	15−9=6
7+4=11	12−9=3
8+4=12	14−5=9
3+8=11	
16−8= 8	
12−8= 4	
17+3=20	
10−5= 5	
16−7= 9	

Seite 64

8+4=12
12−4= 8

6+5=11
11−5= 6

9+3=12
12−3= 9

8+7=15
15−7= 8

7+6=13
13−6= 7

9+7=16
16−7= 9

Seite 65

2+5= 7 → 7−5=2
3+6= 9 → 9−6=3
1+7= 8 → 8−7=1
4+5= 9 → 9−5=4
6+2= 8 → 8−2=6
5+3= 8 → 8−3=5
6+1= 7 → 7−1=6
7+3=10 → 10−3=7
2+6= 8 → 8−6=2
3+3= 6 → 6−3=3
4+6=10 → 10−6=4
1+8= 9 → 9−8=1

Insgesamt sind es 17 Tiere.

Seite 66

1+ 1= 2 → 2− 1= 1
2+ 2= 4 → 4− 2= 2
3+ 3= 6 → 6− 3= 3
4+ 4= 8 → 8− 4= 4
5+ 5=10 → 10− 5= 5
6+ 6=12 → 12− 6= 6
7+ 7=14 → 14− 7= 7
8+ 8=16 → 16− 8= 8
9+ 9=18 → 18− 9= 9
10+10=20 → 20−10=10

Seite 67

9+6=15	13−5=8
8+5=13	15−6=9
4+7=11	12−3=9
8+4=12	14−9=5
7+7=14	15−8=7
8+9=17	12−7=5
5+7=12	11−3=8
6+8=14	12−6=6
7+4=11	14−5=9
9+7=16	14−8=6

Seite 68

3+1=4	7−2=5
3+2=5	7−3=4
3+3=6	7−4=3
4+1=5	8−2=6
4+2=6	8−3=5
4+3=7	8−4=4
5+1=6	9−2=7
5+2=7	9−3=6
5+3=8	9−4=5

Seite 69

12, 14, 18, 19, 17, 15, 11, 16, 20, 13

Seite 70

13	14	15
16	17	18
11	12	13
18	19	20
14	15	16
15	16	17
9	10	11
10	11	12
17	18	19
18	19	20
12	13	14
11	12	13
37	38	39
28	29	30
42	43	44
51	52	53
60	61	62
73	74	75

Seite 71

4	7	9	8	6	5	3	2	1
8	14	18	16	12	10	6	4	2

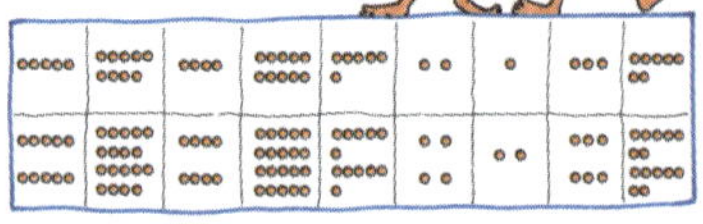

Seite 72

1	2
2	4
3	6
4	8
5	10
6	12
7	14
8	16
9	18
10	20

Seite 74

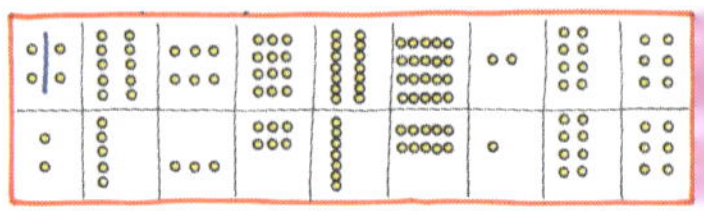

10	14	20	16	18	12	2	6	4
5	7	10	8	9	6	1	3	2

Seite 76

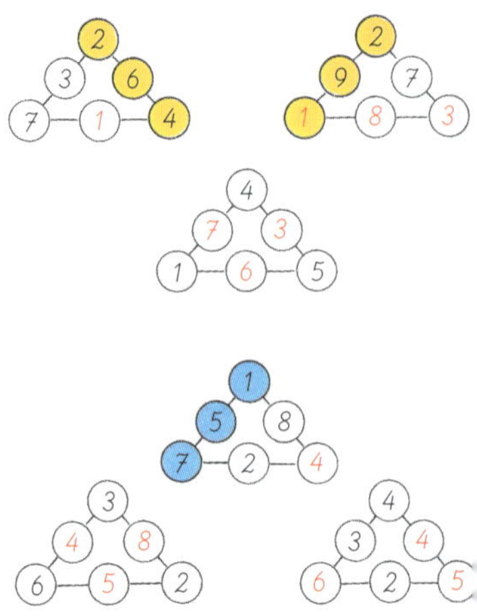